# Web API 建構與設計

## Designing Web APIs

*Brenda Jin, Saurabh Sahni,*
*and Amir Shevat* 著

賴屹民 譯

U0087061

# 目錄

# 前言

建構一個 API 開發者平台讓數百萬人使用，絕對是你軟體生涯中最有挑戰性、最刺激的工作之一，本書將教你具體的做法。

API 是現代軟體開發的核心，它可以解決基本的開發者難題。我，身為一位軟體工程師，如何將寫好的程式公開給其他開發者，讓他們用來創新？在現代世界中，建構軟體很像構築樂高積木。身為開發者的你可以透過 API 來使用付款、通訊、授權與身分驗證等服務。在建構新軟體時，身為軟體工程師的你可以用這些 API 來編寫新產品，重複使用別人建構的程式碼，以節省時間並且避免重新發明車輪。

很多小時候喜歡玩樂高的軟體工程師現在同樣喜歡玩這種玩具。誰不喜歡呢？樂高很有趣，你可以把神奇的彩色積木組裝起來，做出別緻的作品。但如果你也可以建構樂高本身呢？如果你不但可以發明新的樂高組法，也可以發明樂高積木本身，讓別人用它們來創新，豈不美哉？當你建構自己的 API 時，其實就是在建構自己的樂高積木讓別的開發者使用。

API 不是最近才有的電腦科學概念，早在 60 年代，開發者就開始為第一批程序語言建構標準的程式庫，並分享給別的開發者了，這些程式庫可讓別的開發者直接使用它的標準功能，而不需要瞭解內部的程式碼。

接著，在 70 與 80 年代，隨著網路電腦的興起，第一批網路 API 出現了，它們可讓開發者透過遠端程序呼叫（RPCs）來使用它們的服務。開發者可以透過 RPCs 以網路公開他們寫好的功能，也可以像呼叫本地程式庫一樣呼叫遠端的程式庫。Java 這類的程式語言更提供了進一步的抽象與複雜度，可用傳遞訊息的中間伺服器來列出與整合這些遠端服務。

在 90 年代，隨著網際網路的出現，許多公司希望將建構 API 與公開 API 的做法標準化。諸如 Common Object Request Broker Architecture（CORBA）、Microsoft 的 Component Object Model（COM）與 Distributed Component Object Model（DCOM），以及許多其他的標準都企圖成為用 web 公開服務的公認做法。問題在於，多數這類的標準管理起來都太麻煩了，它們要求網路兩端都要使用類似的程式語言，有時需要在本地安裝部分的遠端服務（通常稱為 _stub_）才能生效。在這個混亂的局面中，實現交互運作的美夢很快成為充滿一大堆設置與諸多限制的惡夢。

在 90 年代晚期與 00 年代早期，開發者可以用一些比較開放且標準的做法，透過 web 使用遠端服務（web API）。首先是 Simple Object Access Protocol（SOAP）與 Extensible Markup Language（XML），接著有 Representative State Transfer（REST）與 JavaScript Object Notation（JSON），它們讓服務更容易使用也更標準化，不需要依賴用戶端程式碼或特定的程式語言。本書將討論以上這些最熱門且最實用的方法。

科技公司早就開始透過 API 來公開好用的服務了，從早期的 Amazon Affiliate API（2002）到 Flickr API（2004）再到 Google Maps API（2005）以及 Yahoo! Pipes API（2007），現在有成千上萬個 API 公開了你想像得到的服務，其中包括圖像處理與人工智慧。開發者可以呼叫它們，並且組合多個 API 來創造新的產品，就像組裝樂高積木一般。

雖然 API 已經成為一種易用的日常用品了，但是建構 API 仍然是一門藝術。千萬不要小看這項挑戰，建構堅實的 API 並不容易！API 必須非常簡單，而且有高度的交互運作性——就像樂高，任何組合的每一個零件都可以換成其他組合的每一個零件。API 也必須附有開發者程式與資源，以協助開發者使用。

建構堅實的 API 只是第一步而已，你也要建立、支援蓬勃的開發者生態系統。我們會在本書的最後一個部分討論這些挑戰。

我們這些作者寫這本書的原因，是我們在工作時都經歷了類似的過程，為許多 API 做出類似的決策、處理與優化，但是這些準則都沒有被寫成具備公信力的資源。我們每個人都可以介紹好幾篇與各種主題有關的部落格文章或文獻，但卻找不到專門探討如何規劃 web API 及其生態系統的文獻。我們希望用這本書告訴你，我們在建構 API 時曾經創造與發現的工具，這些技術相當寶貴，它可能攸關你的企業或技術的成敗，也將會成為你職涯的獨特優勢。

# 本書的架構

本書有三個主要的部分：

理論（第 1 至 4 章）

　　我們在此討論建構 API 的基本概念，回顧各種不同的 API 模式，並討論優良 API 的各種面向。

實踐（第 5 至 7 章）

　　在這些章節中，討論如何實際設計 API 並在產品中管理它的操作。

開發者粉絲（第 8 至 11 章）

　　在這個部分，我們跳出 API 的設計，向你展示如何建構一個蓬勃的開發者生態系統。

本書也收錄了一些案例研究（來自 Stripe、Slack、Twitch、Microsoft、Uber、GitHub、Facebook、Cloudinary、Oracle 等大公司的經驗！）、這個領域的專家所提供的建議與專業提示，以及真正發生過的經驗。附錄 A 有方便的工作表、模板與檢查清單供你使用。

# 本書編排規則

本書使用以下的編排規則：

斜體字（*Italic*）

　　代表新的術語、URL、電子郵件地址、檔案名稱及副檔名。

定寬字

　　代表程式，也在文章中代表程式元素，例如變數或函式名稱、
　　資料庫、資料類型、環境變數、陳述式，與關鍵字。

**定寬粗體字**

　　代表指令，或其他應由使用者逐字輸入的文字。

*定寬斜體字*

　　代表應換成使用者提供的值，或依上下文而決定的值。

 這個圖示代表"專業提示"。

 這個圖示代表一般注意事項。

 這個圖示代表警告或小心。

# 致謝

感謝我們的家人付出的愛與支持,讓本書得以出版。

特別感謝我們的技術校閱 Bilal Aijazi、James Higgenbotham、Jenny Donnelly、Margaret Le 與 Melissa Khuat。

也感謝 Eric Conlon、Or Weis、Taylor Singletary 與 Zoe Madden-Wood 提供了諸多意見與回饋。

最後,感謝參與訪談與案例研究,還有以其他方式協助本書的所有人:

- Bilal Aijazi,Polly 的 CTO
- Chris Messina,Uber 的開發者體驗主管
- Desiree Motamedi Ward,Facebook 的開發者產品行銷主管
- Ido Green,Google 的開發技術推廣工程師
- Kyle Daigle,GitHub 的生態工程總監
- Ran Rubinstein,Cloudinary 的解決專案副總
- Romain Huet,Stripe 的開發技術推廣部主管
- Ron Reiter,Oracle 的資深工程總監
- Taylor Singletary,Slack 的主要內容作者
- Yochay Kiriaty,Microsoft 的 Azure 首席專案經理

# 第一章

# API 是什麼？

"API 是什麼？"當程式設計新人問這個問題時，他們通常會得到這個答案"編寫應用程式的介面"。

但是 API 不是只有名稱上的意義而已，為了瞭解與發揮它們的價值，我們必須把焦點放在介面這個關鍵字上。

API 是軟體程式提供給別的程式或人類使用的介面，例如，web API 是透過網際網路提供給全世界的介面。API 這項設計相當程度地掩蓋了它底下的程式，包括商務模型、產品功能、偶發的 bug。雖然 API 的設計是為了與其他程式合作的，但它們大多是為了讓編寫那些程式的人類瞭解與使用的。

API 是讓 web 上的主要商業平台具備交互運作性的積木。API 是在各個雲端軟體帳號建立、維護身分的工具，包括你公司的 email 地址、合作設計的軟體、幫你預訂 pizza 外送的 web 應用程式。API 是將氣象預測資料從可信的來源（例如美國氣象局）送到專門顯示它的上百種 app 的手段。API 可以處理你的信用卡，並且讓各家公司無縫收取你的付款，而不需要操心金融技術的旁枝末節與相應的法規。

API 已經逐漸成為富擴展性且成功的網際網路公司的關鍵元素了，這些公司包括 Amazon、Stripe、Google 與 Facebook。對希望建立商業平台來將市場延伸到每一個人的公司來說，API 是很重要的成分。

設計你的第一個 API 只是工作的開端，這本書不僅僅討論你的第一個 API 的設計原則，也要深入介紹如何隨著商務來開發與發展 API。當你做出正確的選擇，你的 API 就經得起時間的考驗。

# 為什麼我們需要 API？

API 最初的目的是為了與能夠解決特定問題的資料提供者交換資訊，讓不同公司的成員不需要自行花時間解決問題。例如，我們可能想要在網頁中嵌入一個互動式地圖，但不希望重新創造 Google Maps，也可能想要讓使用者登入，但不希望重新製作 Facebook Login，或者，我們可能想要建立一個偶爾可以和使用者互動的聊天機器人，但不希望建立即時通訊系統。

這些例子的輔助功能與產品都是用專門的平台提供的資料或互動來建立的。API 可讓業界快速開發獨特的產品，也可以讓新創者在踏入其他的生態系統時，只要利用現有的技術就可以讓產品與眾不同。

# 我們的使用者是誰？

> 如果你的重點不是幫正確的顧客製作正確的東西，那麼所有的理論都不重要。
>
> —*Bilal Aijazi*，*Polly* 的 *CTO*

當你製作任何一種產品時，最好先把焦點放在顧客身上，這一點在設計 API 時也很重要。在第 8 章，我們會討論各種類型的開發者與使用者案例，以及與他們接觸並賦予他們價值的策略。你必須瞭解你的開發者是誰、他們的需求是什麼，以及為什麼他們要使用你的 API。把焦點放在開發者身上，可以避免你做出沒人想要使用或不符合開發者需求的 API。

因為事後更改 API 的設計很困難，因此在開始實作 API 之前先確定並驗證它非常重要。對大多數的開發者來說，從一種 API 設計切換到另一種設計需要付出很高的代價。

以下是用來上傳與儲存圖像的 API 的開發者使用案例：

- Lisa 是一間藝術品銷售公司的 web 開發者，她需要一種可讓藝術家輕鬆上傳與展示照片的方法。
- Ben 是位後端企業開發者，他需要將支出系統的收據存入他的稽核原則解決專案之中。
- Jane 是位前端開發者，她想要在公司的網站中加入即時的顧客支援聊天功能。

以上只是少數的案例，它們都有獨特的潛在需求與要求。如果你無法滿足開發者的需求，你的 API 就無法成功。

在下一節，我們要討論一些影響 API 設計的高階使用案例，但只要你越仔細地處理使用案例，並且越深入瞭解你的開發者，你就可以提供越好的服務。

# API 的業務案例

眾所周知，網路為現今的產品創新和技術市場提供了絕大部分的動力，因此，API 對開創事業的重要性超越過往任何時刻，坊間也有許多模型可將它們整合到產品之中。有時 API 可直接帶來利潤與盈收（透過利潤分享模型、訂閱費或使用費），但是我們也有許多其他建立 API 的理由。有可能 API 可以支援公司的整體產品策略，它們可能是整合第三方服務與公司的產品的重要環節。API 也有可能是整體策略的一部分，目的是促使別人製作產品的開發者不願意或無法投注精力的輔助產品。API 也有可能是吸引潛在客戶、建立新的產品分銷管道，或提高產品銷量的手段。要進一步瞭解這些策略，可參考 John Musser 的 API business models 演 說（*https://www.slideshare.net/jmusser/ j-musser-apibizmodels2013*）。

API 必須與核心的業務保持一致，許多軟體即服務（SaaS）公司都是如此，其中最值得注意的案例是 GitHub、Salesforce 與 Stripe。用這些 API 建立的產品有時稱為 "服務整合產品"。如果你有許多由使用者產生的內容（例如使用 Facebook 與 Flickr 的照片分享功能），用戶 API 就可以發揮很大的作用。雖然建立 API 與推出開發者平台的原因很多，但是當 API 策略與核心業務不一致時，就是不建立開發者平台最重要的考量了。例如，若產品的主要收入流量是廣告，那麼為產品選擇"用戶端"的 API 會將廣告的流量分散，造成收入的減少，就像 Twitter API 的情況。

撇開營利與商業動機不談，以下是幾種公司開發 API 的方式，我們仔細研究它們：

- 先讓內部開發者使用，再讓外部開發者使用的 API
- 先讓外部開發者使用，再讓內部開發者使用的 API
- API 即產品

## 先讓內部開發者使用，再讓外部開發者使用的 API

有些公司優先幫他們的內部開發者製作 API，再將 API 交給外部開發者使用。這種做法的動機有很多種，其中一種是公司看到加入外部 API 的潛在價值。這種做法可以建立開發者生態系統、驅動公司產品的新需求、或是促使其他公司製作原公司不想製作的產品。

舉個具體的例子，我們來看一下 Slack 的 API 的源起——它是 Slack 的 web、原生桌機與行動用戶端的 API，功能是顯示一個訊息傳遞介面。雖然 Slack 的 API 最初是為它的內部開發者建構的，但是這間公司在成長的過程中發生了一些事情：Slack 通訊軟體有一些與重要商業軟體的"整合"會大大地影響它的成長與發展，於是 Slack 決定不整合自家與別家的產品來製作訂製的 app，而是推出 Developer Platform（開發者平台）與一套可讓新舊公司建構它們的 app 的產品。

Slack 的這個舉措促進了"整合 Slack 傳訊平台的 app"的生態系統的發展。也意味著同時使用 Slack 與其他商業軟體的使用者可以無縫整合已經在 Slack 訊息傳遞用戶端中進行的通訊。

當 Slack 的 Developer Platform 平台啟動時，它的 API 有一個優勢：這些 API 已經被內部的開發者充分測試和使用過了。但是隨著時間的推移，當外部開發者與內部開發者的需求漸漸不一致的時候，這種方法的缺點也開始浮現。內部開發者必須靈活地為傳訊用戶端的最終使用者創造新體驗，包括新的公用頻道、檔案與訊息類型，以及日益複雜的通訊體驗。與此同時，第三方開發者再也不會幫 Slack 建立可供替換的用戶端使用者介面（UI）了——他們開始創造強大的工作流程商業 app 與工具，而非只限於顯示訊息。外部的開發者也需要穩定性，"API 的回溯相容性" 與 "為了新產品的功能而改變 API" 之間的緊張關係讓 Slack 付出內部專案開發速度下降的代價。

# 先讓外部開發者使用，再給內部開發者使用的 API

有些公司先幫外部的專案關係人建立 API，再讓內部的專案關係人使用它們，這正是 GitHub 從一開始就採取的做法。我們來看一下 GitHub 如何與為何開發它的 API，以及它的使用者如何影響 API 的演變。

最初，GitHub API 的用戶主要是想要用自己的資料來設計程式的外部開發者。在 API 首次發表之後不久，有一些圍繞著 GitHub API 的小型公司開始成立。這些公司創造了開發工具，並將它們賣給 GitHub 的使用者。

此後，GitHub 大大地擴展它的 API 產品。它製作了一個 API，這個 API 既可以為想要創造自己的專案或工作流程的個人用戶提供服務，也可以為想要一起建構與 GitHub 整合的機器人腳本或工作流程工具的團隊提供服務。這些團隊，稱為整合者（integrator），建構了開發工具、用 GitHub 的平台來連接使用者，並且將那些工具賣給共同顧客。

當 GitHub 建構它的 GraphQL API 時，第三方開發者成為第一群顧客。GraphQL 是 web API 的查詢介面，雖然這種介面不是同類型的第一種，但是由於它是著名的 API 供應者 Facebook 製作的，而且被另一個著名的 API 供應者 GitHub 採用，所以在寫這本書時備受矚目。當第三方開發者開始使用 GitHub 的新 GraphQL API 之後，GitHub 內部開發者也使用它來支援 GitHub web UI 與用戶端 app 的功能。

在 GitHub 的例子中，這個 API 有一個明顯的目的，它先服務外部的專案關係人，最後也服務內部的開發者。採取這種做法的優點之一在於，它可以為外部開發者訂製 API，而不是腳踏兩條船，橫跨兩個使用族群。隨著 GitHub API 的演變，它能夠用越來越多開發者需要的資料來註解它的 JSON 回應。最終，由於負載（payload）太大了，所以 GitHub 製作了 GraphQL 讓開發者可以用查詢指令（query）來指定他們想要的欄位。GraphQL 的做法有一個缺點在於，因為 GraphQL 讓開發者擁有許多彈性，所以各種存取模式有許多效能瓶頸。與一次使用一個端點（例如 REST）的做法相較之下，這種做法會讓問題的排除更加麻煩。

第 2 章會更詳細說明 GraphQL。

## API 即產品

對一些公司來說，API 就是產品，例如 Stripe 與 Twilio。Stripe 提供在網際網路處理付款的 API。Twilio 提供透過簡訊、語音與訊息來通訊的 API。在這兩間公司的案例中，API 的建構 100% 是為了單一產品的用戶，它們的 API 就是產品，整個企業的目的都是為顧客建構無縫的介面。就 API 的管理與滿足顧客需求而言，"API 即產品" 是最直截了當的公司策略。

## 偉大的 API 有哪些特徵？

我們向業界專家提出這個問題，得到的答案可歸結為 API 究竟可否做它該做的事情。為了深入研究有助於提升 API 可用性的各個層面，我們不但會討論 API 的設計與擴展，也會說明為了促進開發者使用 API 而應該提供的支援與生態系統。

易用性、可擴展性與效能都是製作優秀 API 的要素。我們會在第 2 到 4 章討論這些主題。文件與開發者資源對協助使用者成功而言也非常重要。我們會在第 7 到 9 章討論它們。因為你不可能優化所有的 API 要素，所以必須決定哪一種要素對最終使用者來說是最重要的。我們會在第 7 章教你如何擬定處理這種問題的策略。

此外還有一件事需要考慮：如何讓一個偉大的 API 經得起時間的考驗。變動是很艱巨且不可避免的工作。API 是將企業連接起來的靈活平台，它的改變率（rate of change）並不是固定的。大型企業環境的改變率比尚未找到產品市場契合（product–market fit）的小型新創公司緩慢。但有時小型新創公司可透過 API 提供大型企業不可或缺的寶貴服務。你會在第 5 章看到如何設計經得起時間考驗的 API。

## 總結

總之，API 是現代科技產品的重要元件，我們可以利用它們透過許多種方式來開創事業。在第 2 章，我們要回顧一些 API 設計模式。

第二章

# API 模式

選擇正確的 API 模式非常重要。API 模式就是公開某項服務的後端資料給其他 app 的介面的定義。當一個機構開始創造 API 時，它們不一定知道讓 API 成功的所有因素，所以沒有建立充分的空間方便在之後加入新功能。當機構或產品隨著時間而改變時也會如此。不幸的是，當開發者開始使用 API 之後，API 就很難變動了（有時甚至不可能）。為了節省時間、精力與麻煩（並且為新的、很酷的功能留下空間），在你動手前，應該先參考一下各種協定、模式與一些最佳做法，以設計未來可以進行改變的 API。

多年來，坊間已出現許多 API 模式了，REST、RPC、GraphQL、WebHook 與 WebSockets 都是目前最熱門的標準，本章將討論這些典範。

## 請求 / 回應 API

請求 / 回應 API 通常透過 HTTP web 伺服器來公開介面。這些 API 定義了一組端點，讓用戶端對著這些端點發出 HTTP 請求來索取資料，伺服器則會做出回應。這些回應通常是用 JSON 或 XML 來回傳的。請求 / 回應 API 的服務通常使用三種模式來公開：REST、RPC 與 GraphQL。接下來的小節將一一討論它們。

# 表現層狀態轉換

表現層狀態轉換（REST）是近來最熱門的 API 開發選項。
Google、Stripe、Twitter 與 GitHub 等提供者都採取 REST 模式。
REST 與資源息息相關，資源是可在 web 上被識別、指名、定址
或處理的實體。REST API 會將資料當成資源來公開，並使用標
準的 HTTP 方法來代表對這些資源做的建立、讀取、更新與刪除
（CRUD）等動作。例如，Stripe 的 API 用資源來表示顧客、費
用、餘額、退款、事件、檔案與支出。

以下是 REST API 所遵循的一般規則：

- 資源是 URL 的一部分，例如 /users。
- 每一個資源通常有兩個 URL：一個代表群體，例如 /users，
  一個代表特定元素，例如 /users/U123。
- 使用資源名詞，而不是動詞。例如，使用 /users/U123，而
  不是 /getUserInfo/U123。
- 用 GET、POST、UPDATE 與 DELETE 等 HTTP 方法來告知伺服
  器將要執行的動作。用不同的 HTTP 方法對著同一個 URL
  進行呼叫有不同的作用：

  建立
  > 使用 POST 來建立新資源。

  讀取
  > 使用 GET 來讀取資源。GET 請求永遠不會改變資源的狀
  > 態。它們沒有副作用；GET 方法有唯讀的意思。GET 是冪
  > 等（idempotent）的，因此，你可以完美地快取呼叫。

  更新
  > 使用 PUT 來替換資源，以及使用 PATCH 來更新部分的既
  > 有資源。

  刪除
  > 使用 DELETE 來刪除既有資源。

- 伺服器回傳標準的 HTTP 回應狀態碼來指出成功或失敗。通常 2XX 範圍內的代碼代表成功，3XX 代碼代表資源已被移除，4XX 代碼代表用戶端錯誤（例如缺少必要的參數或太多請求）。5XX 代碼代表伺服器端錯誤。

- REST API 可回傳 JSON 或 XML 回應。儘管如此，由於 JSON 很簡單，而且很容易和 JavaScript 搭配使用，所以它已成為現代 API 的標準了。（為了讓已經透過類似的 API 來使用 XML 與其他格式的用戶端使用，這些格式仍然可能會被支援。）

表 2-1 列出 REST API 通常如何使用 HTTP 方法，範例 2-1 與 2-2 是一些 HTTP 請求範例。

表 2-1 CRUD 操作、HTTP 動詞與 REST 規範

| 操作 | HTTP 動詞 | URL: /users | URL: /users/U123 |
|---|---|---|---|
| 建立 | POST | 建立一位新使用者 | 不適用 |
| 讀取 | GET | 列出所有使用者 | 取得使用者 U123 |
| 更新 | PUT 或 PATCH | 批次更新使用者 | 更新使用者 U123 |
| 刪除 | DELETE | 刪除所有使用者 | 刪除使用者 U123 |

範例 2-1 用 *Stripe API* 取得費用的 *HTTP* 請求

```
GET /v1/charges/ch_CWyutlXs9pZyfD
HOST api.stripe.com
Authorization:Bearer YNoJ1Yq64iCBhzfL9HNO00fzVrsEjtVl
```

範例 2-2 用 *Stripe API* 建立費用的 *HTTP* 請求

```
POST /v1/charges/ch_CWyutlXs9pZyfD
HOST api.stripe.com
Content-Type: application/x-www-form-urlencoded
Authorization:Bearer YNoJ1Yq64iCBhzfL9HNO00fzVrsEjtVl

amount=2000&currency=usd
```

## 顯示關係

盡量用子資源來表示只屬於其他資源的資源，而不是用 URL 的頂層資源來表示它，這種做法可讓使用 API 的開發者清楚知道它們之間的關係。

例如，GitHub API 在各種 API 中使用子資源來表示關係：

```
POST /repos/:owner/:repo/issues
```
建立一個問題。

```
GET /repos/:owner/:repo/issues/:number
```
取得一個問題。

```
GET /repos/:owner/:repo/issues
```
列出所有問題。

```
PATCH /repos/:owner/:repo/issues/:number
```
編輯一個問題。

## 非 CRUD 操作

除了剛才看到的 CRUD 典型操作之外，REST API 有時需要表示非 CRUD 的操作，以下是常見的做法：

- 以資源的部分欄位來表示動作。如範例 2-3 所示，GitHub 的 API 使用存放區編輯 API 的輸入參數 "archived" 代表將存放區歸檔（archive）的動作。

- 將操作視為子資源。GitHub API 使用這個模式來鎖定與解鎖一個問題。PUT /repos/:owner/:repo/issues/:number/lock 可鎖定一個問題。

- 有些操作難以用 REST 模式實現，例如搜尋，此時，通常會在 API URL 中直接使用操作動詞。GET /search/code?q=:query: 會在 GitHub 中尋找匹配 query 的檔案。

範例 2-3 將 *GitHub 存放區歸檔的 HTTP 請求*

```
PATCH /repos/saurabhsahni/Hacks
HOST api.github.com
Content-Type: application/json
Authorization: token OAUTH-TOKEN

{
  "archived": true
}
```

# 遠端程序呼叫

遠端程序呼叫（Remote Procedure Call，RPC）是最簡單的 API 模式之一，它的用戶端會在另一個伺服器上執行一段程式碼。REST 與資源有密切的關係，RPC 則與動作有關。用戶端通常會傳遞方法名稱與引數給伺服器，以取回 JSON 或 XML。

RPC API 通常遵循兩個簡單的規則：

- 端點含有準備執行的操作的名稱。
- API 呼叫是用最適合的 HTTP 動詞來執行的：GET 是唯讀請求，POST 是其他的。

當 API 公開的動作比 CRUD 封裝的還要細膩且複雜，或是存在與眼前的 "資源" 無關的副作用時，很適合使用 RPC。RPC 樣式的 API 也可以配合複雜的資源模型，或針對多種類型的資源執行的動作。

Slack 的 API 是一種明顯的 PRC 樣式 web API 案例。範例 2-4 是對著 Slack 的 conversations.archive RPC API 發出 POST 請求的例子。

*範例 2-4 對著 Slack API 發出 HTTP 請求*

```
POST /api/conversations.archive
HOST slack.com
Content-Type: application/x-www-form-urlencoded
Authorization:Bearer xoxp-1650112-jgc2asDae

channel=C01234
```

Slack 的 Conversations API（圖 2-1）可執行許多動作，例如歸檔、聯結、踢出、離開與重新命名。雖然這個例子有明確的 "資源"，但並非所有的動作都很適合 REST 模式。此外，有些其他的動作（例如用 chat.postMessage post 訊息）與訊息資源、附件資源以及 web 用戶端內的畫面設定有複雜的關係。

## 對話 API 方法

| 方法 | 說明 |
| --- | --- |
| conversations.archive | 將一場對話歸檔。 |
| conversations.close | 關閉一個直接訊息或多人直接訊息。 |
| conversations.create | 開始一場公開或私人頻道的對話。 |
| conversations.history | 抓取一場對話的訊息與事件歷史紀錄。 |
| conversations.info | 取得一場對話的資訊。 |
| conversations.invite | 邀請使用者進入頻道。 |
| conversations.join | 加入既有的對話。 |
| conversations.kick | 將一位對話中的使用者移除。 |
| conversations.leave | 離開對話。 |
| conversations.list | 列出 Slack 團隊的所有頻道。 |
| conversations.members | 取得對話的成員。 |
| conversations.open | 打開或恢復一個直接訊息或多人直接訊息。 |

圖 2-1 RPC 樣式的 Slack API 方法

RPC 樣式的 API 並非只能使用 HTTP，它也可以使用其他高效能的協定，包括 Apache Thrift（*https://thrift.apache.org/*）與 gRPC（*https://grpc.io/docs/guides/index.html*）。雖然 gRPC 有 JSON 選項，但 Thrift 與 gRPC 請求都是被序列化的。結構化的資料與明確定義的介面促成了這種序列化。Thrift 與 gRPC 也有內建的資料結構編輯機制。本書不會討論太多 gRPC 與 Thrift 的範例，但還是要稍微介紹一下它們。

# GraphQL

GraphQL（*http://graphql.org/*）是近來備受矚目的 API 查詢語言。它是 2012 年 Facebook 在內部開發的，隨後在 2015 年公開發表，並且被 GitHub、Yelp 與 Pinterest 等 API 提供者採用。GraphQL 可讓用戶端定義所需的資料結構，讓伺服器完全以那個結構回傳資料。範例 2-5 與 2-6 是送給 GitHub API 的 GraphQL query 及其回應。

*範例 2-5　GraphQL query*

```
{
  user(login: "saurabhsahni") {
    id
    name
    company
    createdAt
  }
}
```

*範例 2-6　GitHub GraphQL API 的回應*

```
{
  "data": {
    "user": {
      "id":"MDQ6VXNlcjY1MDI5",
      "name":"Saurabh Sahni",
      "company":"Slack",
      "createdAt":"2009-03-19T21:00:06Z"
    }
  }
}
```

與 REST 和 RPC API 不同的是，GraphQL API 只需要一個 URL 端點。與之前的情況類似，你不需要用不同的 HTTP 動詞來描述操作，只要在 JSON 內文中指明你究竟在執行查詢還是變動就可以了，如範例 2-7 所示。GraphQL API 支援 GET 與 POST 動詞。

*範例 2-7　對著 GitHub 執行 GraphQL API 呼叫*

```
POST /graphql
HOST api.github.com
Content-Type: application/json
Authorization: bearer 2332dg1acf9f502737d5e
```

```
{
    "query": "query { viewer { login }}"
}
```

與 REST 和 RPC 相較之下，GraphQL 有一些重要的優勢：

### 節省多次的往返

GraphQL 可讓用戶端嵌套 query 並且用單一請求從多個資源取回資料。如果不使用 GraphQL 的話，做這件事可能需要對伺服器做多次 HTTP 呼叫，這意味著使用 GraphQL 的行動 app 運行的速度較快，即使在緩慢的網路上也是如此。

### 不需要管理版本

你可以在 GraphQL API 加入新的欄位與型態且不影響既有的查詢，同樣的，棄用既有的欄位也很方便。API 提供者可以用 log 來分析有哪些用戶端使用了某個欄位。你可以在工具中隱藏棄用的欄位，並且在沒有用戶端使用它們時移除它們。使用 REST 與 RPC API 時，較難以找出有哪些用戶端正在使用已被棄用的欄位，所以難以移除它們。

### 較小的負載

REST 與 RPC API 經常回傳用戶端永遠用不到的資料。使用 GraphQL 時，因為用戶端可以明確地指定他們需要什麼，所以有更小的負載。GraphQL query 會回傳可預測的結果，用戶端也能夠控制回傳的資料。

### 強型態

GraphQL 是強型態。在開發期，GraphQL 型態檢查可協助確保 query 的語法是正確且有效的，讓你更容易做法高品質、不易出錯的用戶端。

### 自我檢查

雖然有一些外部的解決專案（例如 Swagger）可以協助你輕鬆地瞭解 REST API，但 GraphQL 原本就很容易瞭解。它有一個可用來瞭解 GraphQL 的瀏覽器 IDE，GraphiQL（*https://*

*github.com/graphql/graphiql*），可讓使用者在瀏覽器內編寫、驗證與測試 GraphQL query。圖 2-2 是使用 GraphiQL 來暸解 GitHub API 的情況。

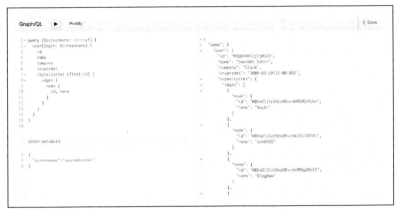

圖 2-2 GraphiQL：正在展示複雜的 query 的 GitHub GraphQL 探索器

## 專家說

REST 負載蠕變是 GitHub 的嚴重問題之一，隨著時間的推移，你會將（例如，存放區的）額外的資訊加入序列化器（serializer）。它一開始很小，但是當你加入額外的資料（或許是你已經加入新功能），原始程式就會產生越來越多資料，到最後，API 回應會變得非常龐大。

多年來，我們藉由建立更多端點來讓你指定更詳細的回應，以及加入越來越多快取來解決這個問題。但是隨著時間的推移，我們發現我們回傳了許多整合者不想要的資料，這就是我們開發 GraphQL API 的原因之一。使用 GraphQL 時，你可以設定只會取得想要的資料的 query，我們只會回傳那些資料。

—Kyle Daigle，GitHub 的生態工程總監

雖然 GraphQL 有許多優點，但它有一個缺點——它為 API 提供者增加了複雜性。伺服器需要做額外的工作來解析複雜的 query 以及驗證參數。優化 GraphQL query 的效能也很麻煩。在公司內部，我們很容易預測使用案例，並且解決造成效能瓶頸的問題，但是當我們與外部開發者合作時，使用案例就變得難以瞭解與優化。當你向第三方公開 GraphQL 時，就將 "管理多個傳來的請求" 這項負擔轉移給後端那個複合且複雜的 query，可能會對效能和基礎結構造成很大的影響，依請求而定。

表 2-2 是各種請求 / 回應 API 選項之間的差異。

表 2-2 比較各種請求 / 回應 API 模式

| | REST | RPC | GraphQL |
|---|---|---|---|
| 它是什麼？ | 將資料當成資源來公開，並使用標準的 HTTP 方法來表示 CRUD 操作 | 公開行動式 API 方法——由用戶端傳遞方法名稱與引數 | API 的查詢語言——由用戶端定義回應的結構 |
| 服務案例 | Stripe、GitHub、Twitter、Google | Slack、Flickr | Facebook、GitHub、Yelp |
| 範例 | `GET /users/<id>` | `GET /users.get?id=<id>` | `query ($id: String!) {`<br>`  user(login: $id)`<br>`  {`<br>`    name`<br>`    company`<br>`    createdAt`<br>`  }`<br>`}` |
| HTTP 動詞 | `GET`、`POST`、`PUT`、`PATCH`、`DELETE` | `GET`、`POST` | `GET`、`POST` |
| 優點 | • 標準的方法名稱、引數格式與狀態碼<br>• 利用 HTTP 功能<br>• 易維護 | • 易瞭解<br>• 輕量負載<br>• 高效能 | • 節省多次往返<br>• 不需管理版本<br>• 較小的負載<br>• 強型態<br>• 內建自我檢查 |

| 缺點 | • 大負載<br>• 多次 HTTP 往返 | • 難以探索<br>• 有限的標準化<br>• 可能導致功能爆炸 | • 需要額外的 query 解析<br>• 難做後端效能優化<br>• 對簡單的 API 而言太複雜了 |
| --- | --- | --- | --- |
| 使用時機 | 當 API 做 CRUD 之類的操作時 | 當 API 公開多個動作時 | 當你需要靈活地查詢時；很適合用來提供靈活的查詢與維持一致性 |

# 事件驅動 API

如果使用請求／回應 API 的服務經常改變資料，它的回應可能很快就會過時。想要即時跟上資料變動的開發者通常會輪詢 API，以預先設定的頻率不斷查詢 API 端點，看看有沒有新資料。

如果開發者輪詢的頻率太低，他們的 app 將無法擁有上次輪詢之後發生的所有事件（例如被建立、更新或刪除的資源）所產生的資料。但是高頻率地輪詢可能會浪費大量的資源，因為大部分的 API 呼叫都不會回傳任何新資料。Zapier 曾經做了一項研究（*https://zapier.com/engineering/introducing-resthooksorg/*），發現只有大約 1.5% 的 API 呼叫輪詢會回傳新資料。

要即時分享關於事件的資料，你有三種常見的機制可用：*WebHook*、*WebSockets* 與 *HTTP Streaming*。我們接著來深入討論它們。

## WebHook

WebHook 只是個接收 HTTP POST（或 GET、PUT 或 DELETE）的 URL。實作 WebHook 的 API 提供者會在某些事情發生時 POST 一個訊息給設置好的 URL。與請求／回應 API 不同的是，使用 WebHook 時，你可以即時收到更新。有些 API 提供者（例如 Slack、Stripe、GitHub 與 Zapier）也支援 WebHook。例如，當你想要在 Slack 團隊用 Slack 的 Web API 追蹤 "頻道" 時，可能需要持續輪詢 API 以確認有沒有新頻道。但是如圖 2-3 所示，藉著設置一個 WebHook，你只要等著接收新頻道已被建立的通知就可以了。

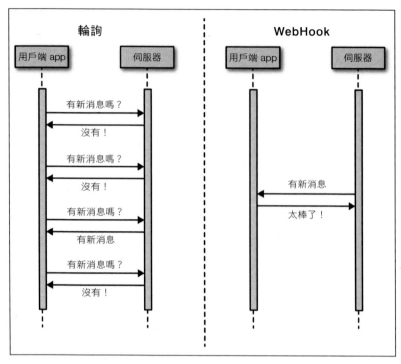

圖 2-3 輪詢 vs. WebHook

WebHook 非常適合在伺服器之間輕鬆地分享即時資料。對 app 開發者而言，WebHook 通常很容易實作，因為他們只要建立一個新的 HTTP 端點來接收事件就可以了（見圖 2-4），這意味著他們通常可以重複使用既有的基礎結構。不過提供 WebHook 會引入新的複雜性，包括：

失敗與重試

為了確保 WebHook 成功傳遞，我們必須建立一個在錯誤時重試 WebHook 傳遞的系統。Slack 建立了一個在傳遞失敗時最多重試三次的系統：第一次立刻重試，第二次在一分鐘之後，最後一次在五分鐘之後。此外，如果有個 WebHook 端點對於 95% 的請求持續回傳錯誤，Slack 就會停止傳送事件給那個端點並通知開發者。

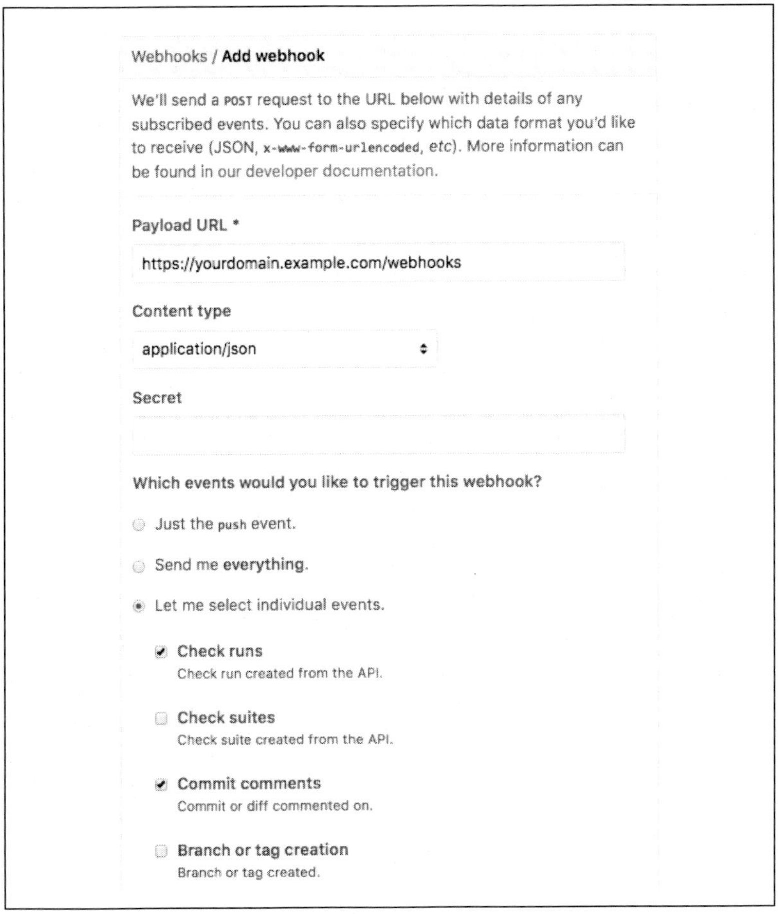

図 2-4　設置 GitHub WebHook

### 安全

雖然有許多標準的方式可以確保 REST API 呼叫的安全，但 WebHook 的安全防護仍然在不斷發展中。使用 WebHook 時，確保收到合法的 WebHook 的責任是在開發者身上，這常常導致他們使用未經驗證的 WebHook。大部分的 API 開發者都採取一些相同的模式來防護 WebHook，我們會在第 3 章討論。

**防火牆**

在防火牆後面運行的 app 可以透過 HTTP 使用 API，但它們無法接收流進來的資訊。這種 app 很難使用 WebHook，通常不可能做到。

**雜訊**

通常每一個 WebHook 呼叫都代表一個事件。如果有成千上萬個事件在短時間內發生而且必須透過單一 WebHook 來傳送，可能會產生雜訊。

# WebSocket

WebSocket（*https://en.wikipedia.org/wiki/WebSocket*）是可在單一傳輸控制協定（Transport Control Protocol，TCP）連結上建立的雙向串流通訊通道協定。雖然這種協定通常是在 web 用戶端（例如：瀏覽器）與伺服器之間使用的，但有時它們也會被用來做伺服器對伺服器的通訊。

主流瀏覽器都支援 WebSocket 協定，即時 app 也經常使用它。Slack 使用 WebSocket 來將工作區（workspace）裡面發生的各種事件送到 Slack 的用戶端，包括新訊息、被加到項目的 emoji 反應，以及頻道的建立。Slack 也提供一種基於 WebSocket 的 Real Time Messaging API（*https://api.slack.com/rtm*）讓開發者可以即時接收 Slack 送來的事件，以及以使用者的身分傳送訊息。類似的情況，Trello（*https://blog.fogcreek.com/the-trello-tech-stack/*）使用 WebSocket 將別人做的更改從伺服器推送到監聽適當通道的瀏覽器；而 Blockchain（*https://blockchain.info/api/api_websocket*）使用它的 WebSocket API 來傳送關於新交易與區塊的即時通知。

WebSocket 可以在較低的開銷之下啟用全雙工（full-duplex）通訊（伺服器與用戶端可以同時與彼此通訊）。此外，它們是在 80 或 433 連接埠上運行的，所以可以良好地搭配有可能阻擋其他連接埠的防火牆。對企業開發者而言，這是特別重要的考慮因素，例如，有些使用 Slack API 的企業開發者比較喜歡使用

WebSocket API 而非 WebHook，因為使用 WebSocket API 可讓他們安全地從 Slack API 接收事件，而不需要對著網際網路打開 HTTP WebHook 端點來讓 Slack post 訊息。

WebSocket 非常適合快速、即時的串流資料以及長時間的連結。但是，如果你打算在行動裝置上，或網路不穩定的區域中使用它，就得謹慎行事了，因為採取這種做法時，用戶端就要維持有效的連結，如果連結中斷了，用戶端要重新啟動它。此外還有一些與擴展性有關的問題，使用 Slack 的 WebSocket API 的開發者必須為使用他們的 app 的每一個團隊建立一個連結（圖 2-5）。這意味著，如果有個 app 被安裝在 10,000 個 Slack 工作區，開發者就得負責維護 Slack 伺服器與 app 的伺服器之間的 10,000 個連結。

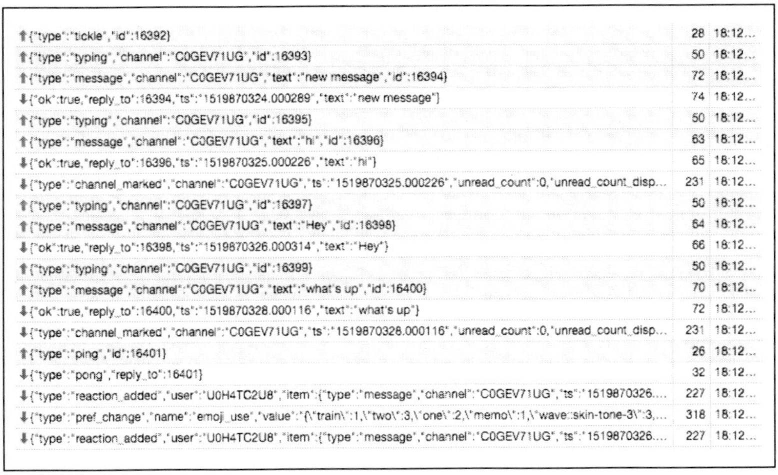

| | | |
|---|---|---|
| ↑{"type":"tickle","id":16392} | 28 | 18:12... |
| ↑{"type":"typing","channel":"C0GEV71UG","id":16393} | 50 | 18:12... |
| ↑{"type":"message","channel":"C0GEV71UG","text":"new message","id":16394} | 72 | 18:12... |
| ↓{"ok":true,"reply_to":16394,"ts":"1519870324.000289","text":"new message"} | 74 | 18:12... |
| ↑{"type":"typing","channel":"C0GEV71UG","id":16395} | 50 | 18:12... |
| ↑{"type":"message","channel":"C0GEV71UG","text":"hi","id":16396} | 63 | 18:12... |
| ↓{"ok":true,"reply_to":16396,"ts":"1519870325.000226","text":"hi"} | 65 | 18:12... |
| ↓{"type":"channel_marked","channel":"C0GEV71UG","ts":"1519870325.000226","unread_count":0,"unread_count_disp... | 231 | 18:12... |
| ↑{"type":"typing","channel":"C0GEV71UG","id":16397} | 50 | 18:12... |
| ↑{"type":"message","channel":"C0GEV71UG","text":"Hey","id":16398} | 64 | 18:12... |
| ↓{"ok":true,"reply_to":16398,"ts":"1519870326.000314","text":"Hey"} | 66 | 18:12... |
| ↑{"type":"typing","channel":"C0GEV71UG","id":16399} | 50 | 18:12... |
| ↑{"type":"message","channel":"C0GEV71UG","text":"what's up","id":16400} | 70 | 18:12... |
| ↓{"ok":true,"reply_to":16400,"ts":"1519870328.000116","text":"what's up"} | 72 | 18:12... |
| ↓{"type":"channel_marked","channel":"C0GEV71UG","ts":"1519870328.000116","unread_count":0,"unread_count_disp... | 231 | 18:12... |
| ↑{"type":"ping","id":16401} | 26 | 18:12... |
| ↓{"type":"pong","reply_to":16401} | 32 | 18:12... |
| ↓{"type":"reaction_added","user":"U0H4TC2U8","item":{"type":"message","channel":"C0GEV71UG","ts":"1519870326.... | 227 | 18:12... |
| ↓{"type":"pref_change","name":"emoji_use","value":"{\"train\":1,\"two\":3,\"one\":2,\"memo\":1,\"wave::skin-tone-3\":3,... | 318 | 18:12... |
| ↓{"type":"reaction_added","user":"U0H4TC2U8","item":{"type":"message","channel":"C0GEV71UG","ts":"1519870326.... | 227 | 18:12... |

圖 2-5 在 Slack 與瀏覽器之間透過全雙工 WebSocket 連結傳送的資訊

## HTTP Streaming

使用 HTTP 請求 / 回應 API 時，用戶端傳送 HTTP 請求之後，伺服器會回傳一個長度有限的 HTTP 回應（圖 2-6）。現在你可以產生無限長的回應了，使用 HTTP Streaming 時，伺服器可以透過用戶端開啟的長期連結持續推送新資料。

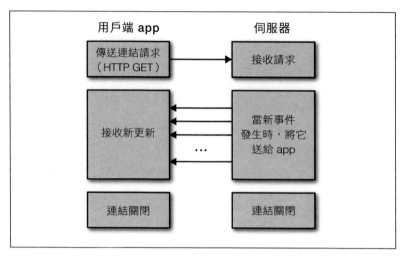

圖 2-6 使用 HTTP Streaming API 的用戶端 / 伺服器互動

如果你要透過持久的連結從伺服器傳送資料給用戶端，你可以採取兩種做法。第一種是由伺服器設定 `Transfer-Encoding` 標頭分塊（chunked），讓用戶端知道資料將會以 "用換行分隔的字串" 區塊送達。典型的 app 開發者很容易解析它。

另一種做法是透過 "伺服器傳送事件"（server-sent events，SSE）來傳送資料串流。這種做法很適合在瀏覽器接收事件的用戶端，因為它們可以使用標準化的 EventSource API。

Twitter（*https://developer.twitter.com/en/docs/tutorials/consumings-treaming-data*）使用 HTTP Streaming 協定在 app 與 Twitter 的串流 API 之間的單一連線上傳遞資料。對開發者而言，這種做法最大的好處在於他們不需要持續輪詢 Twitter API 來取得新推文。Twitter 的 Streaming API 可以在單一 HTTP 連結上面推送新推文，而不需要使用自訂的協定，為 Twitter 與開發者省下許多資源。

HTTP Streaming 很方便，但是它有一個與緩衝有關的問題。用戶端與 proxy 通常都有緩衝限制，它們可能不會在資料達到閾值之前將資料呈現到 app 上，此外，如果用戶端經常改變它們監聽的事件種類，可能不適合使用 HTTP Streaming，因為它需要重新連結。

表 2-3 是各種事件驅動 API 選項之間的差異總覽。

表 2-3 事件驅動 API 的比較

| | WebHooks | WebSockets | HTTP Streaming |
|---|---|---|---|
| 它是<br>什麼？ | 透過 HTTP 回呼傳<br>送的事件通知 | TCP 上的雙向串流連<br>結 | 長期的 HTTP 連結 |
| 服務<br>案例 | Slack、Stripe、<br>GitHub、Zapier、<br>Google | Slack、Trello、<br>Blockchain | Twitter、Facebook |
| 優點 | • 容易做伺服器對<br>  伺服器的通訊<br>• 使用 HTTP 協定 | • 雙向串流通訊<br>• 原生瀏覽器支援<br>• 可繞過防火牆 | • 可用簡單的 HTTP<br>  傳送串流<br>• 原生瀏覽器支援<br>• 可繞過防火牆 |
| 缺點 | • 無法跨防火牆或<br>  在瀏覽器中使用<br>• 難以處理失敗、<br>  重試、安全防護 | • 需要維持持久連結<br>• 非 HTTP | • 難做雙向通訊<br>• 要接收不同的事件<br>  需要重新連結 |
| 使用<br>時機 | 觸發伺服器提供即<br>時事件 | 瀏覽器與伺服器間的<br>雙向、即時通訊 | 在簡單的 HTTP 上做<br>單向通訊 |

# 總結

世上沒有一體適用的 API 模式。本章的每一種 API 模式都只適合
特定類型的使用案例。你也可能需要支援多種模式，例如，Slack
API 同時支援了 RPC 型 API、WebSocket 與 WebHook。你的焦
點應該是確定哪一種解決專案最適合你的顧客、哪一種可以協助
你達成商業目標，以及哪些可在你的專案的限制之下使用。

第 3 章會告訴你如何保護你的 API。我們將討論 API 提供者如何
建構身分驗證與授權機制，也會廣泛地研究開放協定 OAuth，它
可以讓你用簡單且標準的方式來保護授權。

# API 安全防護

安全防護對任何 web app 來說都是很重要的元素，尤其是對 API
而言。新的安全問題與漏洞總是會持續出現，所以保護你的 API
免受攻擊非常重要。安全漏洞可能會造成嚴重的災難——不良的
安全防護程式可能導致關鍵資料與收入的損失。

工程師往往會做很多事情來確保 app 的安全，這些事項包括驗證
輸入、到處使用安全通訊端層（SSL）協定、驗證內容類型、維
護審計日誌（audit log），以及防禦跨站請求偽造（CSRF）與跨
站腳本攻擊（XSS），這些工作對任何一個 web app 來說都很重
要，你也必須做這些事情。但除了這些典型的 web app 安全措施
之外，也有一些技術特別適合在開發讓公司外部的開發者使用的
web API 時使用。本章將仔細說明這些最佳做法，以及各家公司
在實務上如何保護 API。

## 身分驗證與授權

身分驗證與授權是安全防護的基本元素：

身分驗證

> 這是驗證你是誰的程序，web app 通常會要求你用帳號與密碼
> 來登入來做身分驗證，它會拿你輸入的資料與既有、有效的
> 帳號 / 密碼紀錄進行比對，以確定這個請求是真實的。

授權

驗證你是否被允許做你試著做的事情。例如，web app 可能允許你查看一個網頁，但不允許你編輯那個網頁，除非你是管理員。

當你設計 API 時，應考慮 app 開發者會如何用你的 API 執行身分驗證與授權。在早期，API 提供者使用 Basic Authentication（*https://en.wikipedia.org/wiki/Basic_access_authentication*），這是一種強制控制 web 操作的技術，也是最簡單的一種。使用這種技術時，用戶端要用一個 Authorization 標頭來傳送 HTTP 請求，在這個標頭裡面使用單字 "Basic" 加上一個空格再加上一個以冒號結合的帳號與密碼（*username:password*）並編碼成 base64 的字串，例如：

```
Authorization:Basic dXNlcjpwYXNzd29yZA==
```

Basic Authentication 很簡單，但它提供了最低限度的安全防護。當你的 API 使用 Basic Authentication 時，若要使用第三方開發者的 app，你的使用者可能要提供他們的帳號與密碼憑證給它們，這有幾個缺點，包括：

- app 必須用明文或採取可解密的方式來儲存這些憑證。如果 app 因為 bug 或其他原因而曝露憑證，可能會將使用者的私人資料洩露給惡意駭客。因為很多人會在多個服務中使用同樣的密碼，使用者資料的外洩可能造成相當嚴重的後果。
- 使用者無法撤銷對單一 app 的登入，除非他透過改變密碼來撤銷對所有 app 的登入。
- app 可以百分之百操作使用者的帳號。使用者無法禁止它操作指定的資源。

出於以上的原因，Twitter 在 2010 年決定不支援 Basic Authentication。

# OAuth

為了解決 Basic Authentication 與其他流行的身分驗證和授權機制的問題，OAuth（*https://oauth.net/*）在 2007 年問世了。OAuth 是一種開放標準，可讓使用者在不提供密碼給 app 的情況下獲得使用 app 的權限。它的最新版本 OAuth 2.0 是業界的授權標準協定，現在已經有許多公司採用它了，包括 Amazon、Google、Facebook、GitHub、Stripe 與 Slack。

OAuth 最大的優點是使用者不需要提供密碼給 app。比如 TripAdvisor 想要做一個 app，這個 app 會使用用戶的 Facebook 的身分、個人資料、好友名單與其他 Facebook 資料。使用 OAuth 的話，TripAdvisor 可將用戶轉址到 Facebook，讓他們在那裡授權 TripAdvisor 取得他們的資訊，如圖 3-1 所示。用戶授權分享資料之後，TripAdvisor 即可呼叫 Facebook API 來抓取那些資訊。

圖 3-1 在 TripAdvisor 與 Facebook 之間的 OAuth 流程

OAuth 的第二個好處是它可讓 API 提供者的用戶選擇想授予的權利。各種 app 需要從 API 提供者取得的資料各有不同，OAuth 框架可讓 API 提供者授予一或多個資源的取得權限。例如，在圖 3-1 的 TripAdvisor 例子中，TripAdvisor 可能會獲得讀取使用者個人資訊、好友名單等等的權限，但它無法以使用者的名義在 Facebook 張貼文章。

最後，如果之後使用者想要撤銷 TripAdvisor 讀取 Facebook 資料的權利，他們只要到 Facebook 的設定畫面撤銷它就可以了，不需要更改密碼。

# 產生權杖

在使用 OAuth 時，app 會利用權杖以使用者的名義呼叫 API。這個權杖是用一個多步驟的流程產生的，app 必須先向 API 提供者註冊才能開始執行 OAuth 流程。在註冊期間，開發者要提供一個轉址 URL，這是讓 API 提供者將授權的使用者轉址過去的 app URL。API 提供者會發出一個 app 專屬的用戶端 ID 與用戶端機密資料，用戶端 ID 可以公開，但用戶端機密資料則必須保密。

註冊 app 之後，那個 app 就可以執行下列步驟來產生一個權杖了：

1. app 將使用者轉址到 API 提供者以進行授權。

   app 通常會先展示一個按鈕（顯示 "使用 Facebook 繼續進行" 之類的字樣）給執行授權的使用者，使用者按下按鈕之後，就會被轉址到 API 提供者的授權 URL。轉址時，app 會傳送用戶端 ID、以 scope 參數定義的權限（即，讀取使用者公開的個人資訊或好友名單）、選擇性的專屬字串 state 參數，以及（選擇性的）轉址 URL。

2. API 提供者要求使用者授權。

如圖 3-2 所示，API 提供者要明確地指出 app 要求取得哪些權限，如果使用者拒絕授權，他們會被轉址回去 app 的轉址 URL，並產生 access_denied 錯誤。如果使用者批准請求，他們會連同一個授權碼一起被轉址回去 app。

On Hackvana, Polly would like to:

Confirm your identity on Hackvana

Add commands to Hackvana         ▸

⚠ Add a bot user with the username @polly     ▸

Cancel         Authorize

圖 3-2 Slack 顯示給使用者看的授權畫面

3. app 用授權碼換取權杖。

成功授權後，app 可以用權杖來交換授權代碼。app 必須傳送用戶端 ID、用戶端機密資料、授權碼、轉址 URL 給 API 提供者，以換取權杖。授權碼只能使用一次，這有助於防止重播（replay）攻擊。接下來 app 就可以使用這個權杖以使用者的名義來存取受保護的資源了。

圖 3-3 是以使用者的名義發送權杖給 app 的 OAuth 2.0 授權流程。

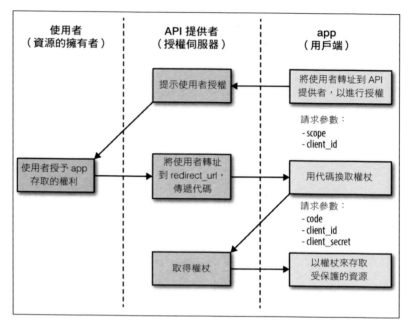

圖 3-3 OAuth 2.0 授予權杖的流程

# 存取範圍

OAuth 存取範圍的用途是限制 app 存取使用者資料的權利。例如，有時 app 只需要辨識使用者，這個 app 可以使用較小的 OAuth 存取範圍只請求讀取使用者的個人資訊，而非請求讀取所有的資料。在授權期間，API 提供者會顯示所要求的存取範圍給使用者看，讓使用者知道他們需要授予哪些權限給 app。

定義 API 的存取範圍是一項有趣的工作，許多 API 都提供簡單的讀、寫與讀 / 寫組合存取範圍，例如，Twitter API 透過存取範圍提供三個等級的權限：

- 唯讀
- 讀與寫
- 讀、寫與讀取私訊（direct message）

API 提供者通常不會在開放他們的 API 時仔細考慮存取範圍，直到 API 被廣泛使用或被濫用時，才意識到他們需要使用額外的存取範圍，此時才加入新的存取範圍就是一件複雜的工作了。所以你必須先思考你的目標與使用案例再來決定應該支援哪些存取範圍。小的存取範圍有助於確保 app 只擁有它們需要的權限，太大的範圍可能會造成使用者與開發者的混淆。

除了典型的讀 / 寫存取範圍之外，當你定義存取範圍時還有一些其他的考量：

最小範圍

你可能想要使用一個只提供基本使用者資訊的範圍，例如名字與個人頭像（僅此而已）。建構登入流程的 app 可以用它來識別使用者。大部分的 API 提供者（例如 Slack、Facebook 與 Heroku）都提供這種範圍。

隔離範圍來保護敏感資訊

你必須用單獨的範圍來隔離敏感資訊，當 app 請求這個敏感範圍時，你要顯示明確的警告給使用者，告訴他們該 app 想要使用哪些資訊。Heroku 加入 "讀取保護" 與 "寫入保護" 範圍來管理 app 的組態變數之類的資源存取，這種變數含有資料庫連接字串之類的機密資料。

類似的情況，GitHub 使用別種範圍來讀取關於私有存放區的資訊。因為 Twitter 發現許多 app 都濫用讀取範圍，甚至在沒必要的情況下也使用它，所以也加入一個範圍來授予讀寫私訊的權利。

各種資源類型的各種存取範圍

許多提供多種服務與功能類型的大型 API 提供者都用功能來劃分存取範圍。例如，Slack API 用各種範圍來限制讀取與寫入訊息、pin、星號、反應、通道、使用者與其他資源。GitHub 也用各種範圍來提供不同資源的存取，例如存放區、組織管理、公用金鑰、通知與 gist。也就是說，只要求讀取使用者存放區的 app 無權讀取那位使用者的 gist。

## 權杖與範圍驗證

開發者收到權杖之後，就可以開始設定 HTTP Authorization 標
頭來用這個權杖發出 API 請求了，見範例 3-1。

範例 3-1 *使用權杖對 Slack API 發出請求*

```
POST /api/chat.postMessage
HOST slack.com
Content-Type: application/json
Authorization:Bearer xoxp-16501860-a24afg234
{
  "channel":"C0GEV71UG",
  "text":"This a message text",
  "attachments":[{"text":"attachment text"}]
}
```

收到這些請求時，API 提供者的伺服器必須確認兩件事。第一，
權杖是有效的，你必須比較收到的權杖與資料庫裡面的權杖。第
二，權杖有該請求要執行的操作所需的存取範圍。如果任何一個
檢查失敗了，伺服器就會回傳錯誤。

除了錯誤之外，回傳更多詮釋資料來解釋需要哪些存取範圍以及收到哪種範圍也很有幫助。許多 API，例如 GitHub 與 Slack 的，都會回傳這兩個標頭：

- X-OAuth-Scopes 列出權杖獲得授權的範圍。
- X-Accepted-OAuth-Scopes 列出操作需要的範圍。

範例 3-2 是 GitHub API 回傳的 OAuth 標頭範例。

*範例 3-2 GitHub API 回應內的 OAuth 範圍標頭*

```
curl -H "Authorization: token OAUTH-TOKEN"\
  https://api.github.com/users/saurabhsahni -I
HTTP/1.1 200 OK
X-OAuth-Scopes: repo, user
X-Accepted-OAuth-Scopes: user
```

如果權杖的範圍不符合需求，為了讓開發者更容易找出問題，你可以回傳更詳細的錯誤，指出所提供的範圍以及這項操作需要的範圍。例如，在範例 3-3 中，Slack API 回傳了這種詳細的錯誤。

*範例 3-3 Slack API 在有效的權杖缺少所需的範圍時的回應*

```
{
    "ok": false,
    "error": "missing_scope",
    "needed": "chat:write:user",
    "provided": "identify,bot,users:read",
}
```

# 權杖過期與更新權杖

OAuth 協定可限制 OAuth 流程頒發的權杖的有效性。許多 API 都頒發會在幾個小時或幾天後過期的權杖，以限制權杖被破解的影響。如果你發出的權杖有時間限制，就要提供讓 app 取得新權杖的方式，這種方式通常不需要最終使用者的參與，其中一種做法是發出更新（*refresh*）權杖。

更新權杖是一種特殊的權杖，可在目前的權杖過期時取得新的權杖。應用程式必須提供用戶端 ID、用戶端機密資料，以及更新權杖來產生新的權杖。更新權杖是延續過期的權杖的標準做法。Google、Salesforce、Asana、Stripe 與 Amazon 等 API 提供者都支援更新權杖。

就算你的權杖尚未過期，分享更新權杖也是一種好方法。藉此，當權杖被破解時，app 開發者就可以輪換既有的權杖，並產生一個新權杖。這就是雖然 Stripe API 頒發的權杖不會過期，它仍然支援更新權杖的原因。

 短期的權杖比較安全的原因是：

- 如果權杖被破解了，那個權杖只會在它到期之前有效。

- 如果更新權杖被破解了，若沒有用戶端機密資料，它就沒有用處，這種機密資料通常不會與權杖和更新權杖放在一起。

- 如果更新權杖與用戶端機密資料都被破解，且攻擊者也做出一個新權杖了，該破解同樣可能被發現，因為通常更新權杖都是一次性使用的，而且在同一時間只有一方可以使用 API（每個更新權杖）。

---

## 故事時間：Slack 的長壽權杖

Slack 的主力產品是團隊通訊軟體。它有一個 API 可讓第三方開發者在 Slack 內建立 app 與機器人。

早在 Slack 支援 OAuth 之前，第三方開發者就試著使用 Slack 的 API 來構築軟體了，因此，有許多開發者用各種機制建立 API 權杖並將它們直接嵌入 app 程式碼，以 "竄改（hack）" 他們的 app。有些開發者不夠謹慎，在他們的 GitHub 公布這些權杖，這是個很大的問題，因為這些 Slack 的權杖是長期的，事實上，永遠不會過期。

為了讓 Slack 使用者維護它們的隱私並防止這些權杖被意外地使用，Slack 製作一種鏟除程式，在 GitHub 的開放原始碼存放區中尋找 Slack 權杖實例，自動撤銷所找到的任何權杖，並通知使用者。

短期的權杖可以降低因為這樣子的濫用而造成洩露的風險。在 2018 年 5 月，Slack 聲明它已經設法加入短期的權杖了。

---

# 列出與撤銷授權

由於各式各樣的原因，使用者可能想要知道他們的資料會被哪些 app 存取，也有可能想要撤銷其中一或多個的存取權限。為了支援這種使用案例，大部分的 API 提供者都會用一個網頁來列出使用者已經授權的 app，並讓他們能夠撤銷存取，如圖 3-4 所示。

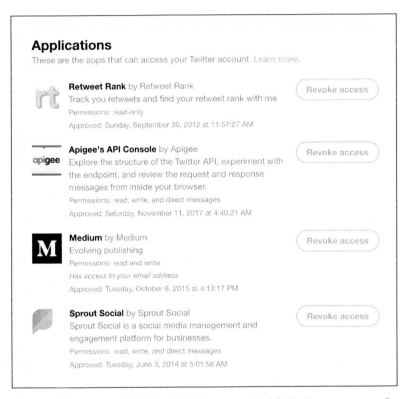

圖 3-4 這個 Twitter 網頁列出被授權的 app，以及它們的 "Revoke access" 按鈕

除了在 UI 中提供撤銷授權的功能之外，最好也提供 API 讓使用者撤銷權杖與更新權杖。藉此，因為權杖被破解或其他原因而想要撤銷權杖的開發者也可以用程式來撤銷。

# OAuth 最佳做法

以下是使用 OAuth 來建立自己的授權伺服器時應該考慮採取的最佳做法：

支援 state 參數

> state 參數是選用的授權參數，可以用來協助抵抗 CSRF 攻擊。實作 OAuth 的 API 提供者應該支援這個參數。state 參數是開發者產生的字串，可傳給身分驗證端點來驗證使用者身分，之後 API 提供者可以將這個字串連同授權碼傳回去給轉址 URL 來換取權杖。

提供短期的授權碼

> 讓生成的授權碼在幾分鐘之內失效，而且讓它只能使用一次，這樣攻擊者就無法使用它們與經過授權的 app 一起產生權杖了。

提供一次性的更新權杖

> 如果你的 app 會儲存非常敏感的資料，考慮將更新權杖限制為一次性。你可以在權杖被更新時發出新的權杖。雖然一次性的更新權杖會讓開發者的工作更複雜，但它們的確可以幫助檢測針對更新權杖與用戶端機密資料進行的攻擊。話雖如此，你最好讓 app 有充分的一小段時間可以使用更新權杖，讓它們在出現網路故障或其他的問題時有機會重試。Fitbit API 的更新權杖可在兩分鐘之內重複使用。

賦與重設用戶端機密資料的能力

> 讓開發者能夠重設用戶端機密資料，如此一來，當用戶端機密資料與更新權杖被破解時，app 就可以防止攻擊者使用洩露的用戶端機密重新取得權杖。

敏感資訊專用的 OAuth 存取範圍

> 使用專用的 OAuth 存取範圍來保護你的服務的敏感資訊，如此一來，使用者就不會授權不需要使用敏感資訊的 app 使用它們了。

使用 HTTPS 端點

因為每一個 HTTP 請求都會傳送權杖，所以讓 API 端點使用 HTTPS 非常重要，這可以防止中間人攻擊。

驗證轉址 URL

如果有提供選用的轉址 URL，在授權請求期間，應確保它匹配已註冊的 app URL 之一。若非如此，API 伺服器就要顯示錯誤，但不要顯示授權提示，以免攻擊者看到任何回傳的機密資料。

不可在 iframe 中顯示授權畫面

使用 `X-Frame-Options` 標頭來避免在 iframe 中顯示授權頁面，以防止點擊劫持（clickjacking）攻擊（惡意的網站誘騙使用者按下看似無害，其實會讓他們按下可觸發其他網站的"授權"之類按鈕的元素）。

讓使用者掌握狀況

你應該透過 email 之類的媒體來通知使用者他們已經授予新的權限了，如此一來，如果那次的授權是不小心造成的，使用者就可以發現這件事。

不使用容易誤導使用者的 app 名稱

不要讓外面的 app 使用"會讓使用者認為該 app 是你的公司建立的"的名稱。其中一種做法是拒絕別的 app 希望在 OAuth app 名稱中使用你的公司名稱的請求。在 2017 年，有位攻擊者使用"Google Docs"這個名稱與 Docs logo 建立一個 Google OAuth app，如圖 3-5 所示。這個 app 成功釣到上百萬個 Google 帳號（*http://www.bbc.com/news/technology-39845545*）。

Google Docs would like to:

M    Read, send, delete, and manage your email     ⓘ

▣    Manage your contacts     ⓘ

By clicking Allow, you allow this app and Google to use your information in accordance with their respective terms of service and privacy policies. You can change this and other Account Permissions at any time.

Deny     Allow

圖 3-5. 這個惡明昭彰的偽 Google app "Google Docs" 在 2017 年釣到 100 萬個 Google 帳戶

## 從 Facebook 吸取的教訓：平衡行動

從 2016 年到 2018 年，Facebook 因為創造令人上癮的使用模式以及提供目標導向的廣告而受到嚴格的審查，雖然這正是該平台的目的。同時，開發者可以利用 API 的權限與顧客存取授權在違反 Facebook 的服務條款（ToS）的情況下密集地挖掘顧客資料。以下是關於這起事件的啟示：

• 確保你的顧客知道他們同意做哪些事情。在 OAuth 流程中，務必明確地展示顧客授予的權限。設法讓顧客能夠授予較少且較精細的存取範圍，並且隨著他們的使用模式的改變而加入一些範圍。但是這種做法需要權衡得失，因為範圍太精細的話，顧客可能根本不會閱讀它們。請使用容易閱讀與瞭解的文字。

- 務必監控第三方開發者的 app，並積極地搜尋潛在的 ToS 違規行為。你或許可以將這些 app 關閉，或限制它們的速度，讓它們無法持續採取行動。

顧客授予存取資料的權限設法是你跟顧客之間建立的信任關係，而不是顧客與第三方 app 建立的信任關係。畢竟顧客怎麼看待你的平台與你有比較大的關係。

在寫這本書時，顧客不一定能夠瞭解隱私與安全之間的差異，企業顧客通常比較能夠瞭解。如果你正在建構顧客產品，就必須仔細想想如何將你的平台的功能介紹給最終的使用者。

# WebHooks 安全防護

第 2 章談過，WebHook 只是一個 URL，API 提供者會在發生某些事情時往那裡傳送一個 POST 請求。例如，Stripe 會傳送關於新付款的通知給 WebHook URL。類似的情況，當你在 GitHub 中打開一個 Pull Request 時，GitHub 會傳送一個 POST 請求給開發者設置的 WebHook URL(s)。

保護 WebHooks 與保護 web API 稍有不同。因為 WebHook URL 通常是可在網際網路上公開造訪的，開發者必須確保 POST 請求真的來自所述的傳送者。如果沒有這種驗證，攻擊者就可以偽造請求，將它送給 WebHook URL。雖然目前沒有人使用類似 OAuth 的標準來保護 WebHook，但 API 提供者仍然可以遵循一些常見的模式。

## 驗證權杖

驗證權杖是 app 與 API 提供者共享的機密資訊。如圖 3-6 所示，Slack 之類的 API 提供者可頒發專屬的驗證權杖給每一個 app。Slack 會在發送每一個 WebHook 請求時一起傳送一個驗證權杖。app 會拿請求內的權杖與之前記錄的值做比較，如果它們不符，app 就會忽略該請求，如此一來，app 就可以確認請求確實來自 Slack。

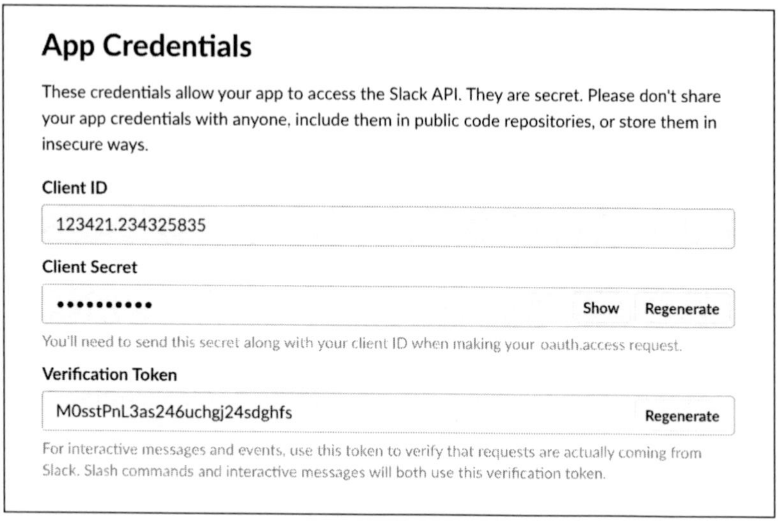

**App Credentials**

These credentials allow your app to access the Slack API. They are secret. Please don't share your app credentials with anyone, include them in public code repositories, or store them in insecure ways.

Client ID

123421.234325835

Client Secret

••••••••••                                                          Show    Regenerate

You'll need to send this secret along with your client ID when making your oauth.access request.

Verification Token

M0sstPnL3as246uchgj24sdghfs                                              Regenerate

For interactive messages and events, use this token to verify that requests are actually coming from Slack. Slash commands and interactive messages will both use this verification token.

圖 3-6. Slack app 的憑證，包括驗證權杖

對 API 提供者與開發者而言，驗證權杖都很容易製作。他們只要做一個簡單的比較就可以確定請求是否來自期望的傳送者。但是驗證權杖的防護能力也很有限，因為它們是用明文跟著每一個請求一起傳送的，如果驗證權杖被洩露出去或是被破解，攻擊者就可以偽造 WebHook 請求。

# 請求簽署與 WebHook 簽章

簽章是 API 提供者保護 WebHook 常見的手段之一。WebHook 的負載通常是藉由計算共用的機密以及請求內文的雜湊訊息鑑別碼（HMAC）來簽署的，這個簽章通常會用請求標頭來送出。接下來，app 會計算同一個 HMAC 並且拿它與標頭內的值比較，來驗證那個請求是不是真的。Stripe 與 GitHub 等 API 提供者都使用這個機制來保護 WebHook。

## 防止重播攻擊

重播攻擊是攻擊者使用有效的簽章來重新傳輸 WebHook 的一種攻擊形式。為了防禦這種攻擊（見範例 3-4 的 t=1492774577 部分），Stripe 等 API 提供者都在訊息負載中加入一個請求時戳。如果時戳太舊了，app 就可以拒絕請求。

範例 3-4 Stripe WebHook 請求的簽章標頭

```
Stripe-Signature: t=1492774577,
    v1=5257a869e7ecebeda32affa62cdca3fa51cad7e77a0e56ff536d0c,
    v0=6ffbb59b2300aae63f272406069a9788598b792a944a07aba816ed
```

## 共同傳輸層的安全防護

當你用傳輸層安全性（TLS）交握協定來連結 *https://* URL 時，伺服器會將它的憑證送給用戶端，接著用戶端會驗證伺服器的憑證，沒問題之後才信任該回應。

使用共同（*Mutual*）TLS 時，伺服器與用戶端會互相驗證。伺服器會傳送一個憑證請求給用戶端。接著用戶端（在這個案例是 WebHook 提供者）回覆一個憑證，伺服器再驗證用戶端的憑證來確認請求。

雖然請求的簽署是在應用邏輯裡面製作的，但你也可以在更低的級別製作 Mutual TLS。如此一來，開發者就可以在實施高度安全防護的同時為 API 開啟防火牆，而不需要要求 app 開發者做任何事情。這對於企業開發者而言特別實用。公司對公司的 app 經常使用 Mutual TLS，DocuSign 等 API 提供者也支援 Mutual TLS。

## 輕量負載與 API 檢索

WebHook 簽章與驗證權杖有一個根本問題在於這兩種方法都得依賴開發者做正確的事情。它們不強制實施驗證。不同的 app 開發者可能採取不同的安全防護標準，我們很難判斷他們是否有在驗證 WebHook 請求。

比較安全的做法是用負載來傳送有限的資訊來告訴 app 有些事項已經改變了。為了取得完整的事項，app 必須對著 web API 發出後續的請求。這種做法的主要好處在於，即使 app 不驗證 WebHook，它們也只能對著 web API 發出常規的、經過驗證的請求才能接收完整的事件。

Google 使用這種方法來保護 WebHook。Gmail 的 API 可讓 app
使用 WebHook 執行訂閱，以查看收件匣裡面的變動。有東西改
變時，Gmail 會送出 WebHook 請求，裡面有 email 地址與變動
的 ID（在 data 欄位內以 base64 編碼，見範例 3-5）。app 可以
呼叫 Gmail 的 history.list web API 來取得完整的變動細節。

範例 3-5 Gmail 的輕量 WebHook message 資料

```
{
  message:
  {
    data: "eyJlbWFpbEFkZHJlc3MiOiAidXNlckBleGFtcGxlLmNvbSIsICJo
aXN0b3bz",
    message_id:"1234567890",
  }
  subscription: "mysubscription"
}
```

# WebHook 全安防護的最佳做法

在 WebHooks 實施安全防護標準非常複雜，以下是當你支援
WebHook 時應牢記在心的安全防護最佳做法：

- 不要在 WebHook 內傳送敏感資訊。絕對不要在 WebHook
  負載裡面傳送密碼或機密資料，你應該使用身分驗證 API
  請求來傳送所有的敏感資訊。

- 當你簽署 WebHook 時，在負載裡面加入時戳，如此一來，
  app 就可以加入程式來檢查重播攻擊。

- 提供重新產生公用機密資料（當成驗證權杖使用，或用來
  簽署 WebHook）的功能，讓 app 開發者可以在機密被破解
  時輪換這項機密，以確保將來的請求的真實性。

- 提供用來驗證 WebHook 請求的真實性與拒絕無效請求的
  SDK 與範例程式碼給開發者。

# 總結

安全防護本身就是一件困難的工作，保護 API 的安全更是難上加難。一旦你讓 app 使用安全防護機制，你就很難改變它，而且當漏洞出現時，你可能會讓許多開發者必須修補使用 API 的 app。所以在你公開 API 之前務必仔細考慮安全問題。雖然開創與發明新的安全機制很吸引人，但是這可能是一場錯誤。除非你有安全防護專家負責設計與審查新的安全機制，否則你很難保證它沒有漏洞。當你使用設計良好、經過妥善測試、開放，而且已經被許多專家與駭客檢查和測試多年的安全標準時，遇到重大安全漏洞的機會將會降低許多。

第 4 章要介紹各種 API 的最佳設計法，它們可以幫助你提供絕佳的開發者體驗。

# 最佳設計法

在之前的章節中，我們大致瞭解透過 web API 傳送資料的各種做法。現在你已經熟悉傳輸的情況，並且瞭解如何在各種模式與框架中做出選擇了，接下來我們要提供一些最佳戰略來幫助開發者發揮 API 的潛力。

## 設計實際的使用案例

在設計 API 時，最好根據特定的、實際的使用案例來進行決策，接著來深入說明一下這個概念。想像一下使用 API 的開發者會用你的 API 完成哪些工作？開發者能夠建立哪些的 app 類型？對某些公司而言，這些問題的答案等於"開發者必須讓顧客掏出信用卡買單"，對其他的公司而言，答案比較開放："必須能夠讓開發者建立一套有互動性、高品質的 app"。

定義使用案例之後，你也要確定開發者能夠用你的 API 做你讓他們做的事情。

很多 API 是根據 app 的內部結構來設計的，這會洩露實作的細節，造成第三方開發者的混淆，以及糟糕的開發體驗，所以你絕對不要公開你的公司的內部基礎架構，而是要把焦點放在外部開發者與 API 互動時的體驗上。你可以在第 5 章的"提出關鍵使用案例"小節看到定義關鍵使用案例的範例。

當你開始設計時，在實作與測試之前很容易想像許多 "如果怎樣的話…"。雖然這些問題在腦力激盪階段很有幫助，但它們可能會讓你試著同時解決過多問題，讓設計偏離正道。藉由選擇特定的工作流程或使用案例，你可以把重點放在一項設計上，並測試它是否可以幫助你的使用者。

---

### 專家說

當我們詢問 Google 的開發技術推廣工程師 Ido Green 好的 API 有什麼特徵時，他的第一個答案是專注：

> API 必須讓開發者把一件事做得很好，這件事不像聽起來那麼容易，而且你也要說明 API 不負責哪些事情。

---

如果你需要幫助開發者用戶把工作範圍縮小成特定的一個，見第 8 章。

## 設計絕佳的開發者體驗

如同我們花了許多時間考慮如何透過使用者介面提供使用者體驗，我們也必須考慮透過 API 提供的開發者體驗。開發者對 API 的忍受度很低，所以不良的體驗會造成他們的流失。同樣的，易用性是讓開發者持續使用 API 的最低標準。好的體驗可以擄獲開發者：使用你的 API 之後，他們會成為最有創造力的創新者，以及你的 API 的傳播者。

# 讓 API 快速、容易上手

讓開發者能夠瞭解你的 API 並且快速上手非常重要，開發者使用你的 API 的原因可能是為了避免從頭製作輔助性套件來支援主力產品。不要讓他們因為用了不透明且難用的 API 而後悔做出這個決定。

---

## 專家說

無論我們多麼仔細地設計與建構核心的 API，開發者都會持續建構我們想像不到的產品。讓他們可以自由創作事物的人是我們。

設計 API 很像設計一個運輸網路，好的 API 不會限定最終的狀態或目標，而是擴展開發人員的可能性。

—Romain Huet，Stripe 的開發技術推廣部主管

---

文件可以在很大程度上幫助開發者上手。除了列出 API 規格的文件之外，加入個別指導或入門指南也很有幫助。個別指導是教導開發者使用 API 的互動式介面，你或許可讓開發者回答問題或在一個輸入區域裡面填入 "程式碼"。指南是比規格還要白話的文件，它提供開發者在某個時間點需要的資訊，通常是在剛開始使用時，但有時是在更新或從某個版本或功能轉換成另一個時。

有時你可以提供線上互動式文件來提升易用性，並在那裡提供沙盒來讓開發者測試 API。要進一步瞭解沙盒，請參閱第 9 章。一般來說，開發者可以在不需註冊的情況下使用這些介面來測試程式並預覽結果。圖 4-1 是提供這種功能的 Stripe UI。

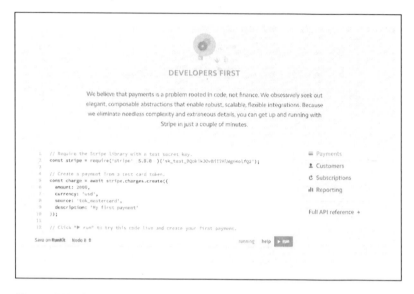

圖 4-1 開發者可以在不需註冊的情況下試用 Stripe API

除了互動式文件之外，軟體開發工具組（SDK）之類的工具也可以相當程度地幫助開發者使用你的 API。這些程式套件為了協助開發者快速執行專案而簡化了一些交易（transactional）層與應用程式的設定。

為了提供理想的體驗，你應該讓開發者在不需要登入或註冊的情況下試用你的 API。如果你無法避免這些動作，也應該提供簡單的註冊或 app 建立流程來接收最低限度的必要資訊。如果你的 API 是用 OAuth 來保護的，應該設法讓開發者在 UI 中產生權杖。實作 OAuth 對開發者來說很麻煩，如果你沒有提供簡單的權杖產生方法，你就會看到開發者人數在這個環節明顯地下降。

## 努力維持一致性

你當然希望 API 在直觀上維持一致，這種一致性應該反映在端點名稱、輸入參數與輸出回應上，甚至讓開發者在不閱讀文件的情況下猜到部分的 API。除非你在做大幅度的改版或大型的版本，否則最好在設計既有 API 的新功能時盡量維持一致性。

例如，你可能已經將一組資源稱為 "users"，並依此命名你的 API 端點，但現在發現將它們稱為 "members" 比較合理。人們往往努力 "改正" 新環境，卻不把焦點放在舊世界的一致性上。但如果物件是相同的，在 URI 元件、請求參數與其他地方有時將它稱為 "users"，有時卻稱為 "members" 可能會讓開發者覺得很疑惑。在漸進修改的過程中，盡量與既有的設計模式保持一致對使用者來說是最好的做法。

舉另一個例子，如果你在某些地方有個回應欄位稱為 user，有時它的型態是整數 ID，但有時它的型態是個物件，每位收到這兩種回應負載的開發者都必須檢查 user 究竟是 ID 還是物件，這種邏輯會讓開發者的基礎程式產生膨脹的情況，所以是不好的體驗。

這種情形也會發生在你自己的程式碼之中。如果你正在維護 SDK，就必須加入越來越多邏輯來處理這些不一致的情況才能做出無縫的介面給開發者使用。在 API 層面上，你也應該維持一致性，而不是讓同樣的東西使用不一樣的新名稱。

一致性通常代表整個 API 有許多重複的模式與規範，讓開發者可以在不查看文件的情況下猜測如何使用你的 API，這些東西包括資料存取模式、錯誤處理與命名等事項。一致性很重要的原因是它可以減少試著瞭解你的 API 的開發者的認知負擔（cognitive load）。一致性可以協助既有的開發者在採用新功能時減少他們的程式分支，也可以協助新開發者立刻使用你在 API 後面建構的所有東西開始工作。相較之下，如果缺乏一致性，不同的開發者就需要不斷重複地重新實作相同邏輯。

 要進一步瞭解這個主題，請見第 5 章。

# 讓問題更容易被排除

設計 API 的另一種最佳做法可讓開發者輕鬆地排除問題，你可以藉由回傳有意義的錯誤以及建構工具來做到這一點。

## 有意義的錯誤

錯誤的內容是什麼？錯誤可能在程式路徑的許多地方發生，包括 API 請求過程中的授權錯誤、特定實例不存在的商業邏輯錯誤，以及低階的資料庫連接錯誤。在設計 API 時，你應該有系統地組織與分類錯誤以及它們的回傳方式來方便開發者排除問題。不正確或不明確的錯誤容易令人氣餒，也會讓人不願意採用你的 API，可能讓開發者的工作卡住，最終放棄使用。

有意義的錯誤是容易瞭解、明確且可讓人採取行動的。它們可協助開發者瞭解問題並處理它。提供這些錯誤的細節可帶來較佳的使用者體驗。機器可讀（*machine-readable*）的錯誤代碼字串可讓開發者以程式處理錯誤。

除了這些字串之外，你也可以加入長版的錯誤，無論是在文件中，或是在負載的其他地方。有時它們稱為人類可讀（*human-readable*）的錯誤。更好的做法是幫每位開發者製作個人化的錯誤。例如，使用 Stripe API 時，在 live 模式下使用測試金鑰會回傳這種錯誤：

```
No such token tok_test_60neARX2.A similar object exists in
test mode, but a live mode key was used to make this request.
```

表 4-1 是一些情況之下的錯誤範例（包括建議的和不建議的）。

表 4-1 各種情況下的錯誤碼範例

| 情況 | 建議 | 不建議 |
|---|---|---|
| 因為權杖被撤銷而造成驗證失敗 | token_revoked | invalid_auth |
| 名稱值超出最大長度 | name_too_long | invalid_name |
| 信用卡過期 | expired_card | invalid_card |
| 因為費用已被退還而無法退款 | charge_already_refunded | cannot_refund |

在設計錯誤系統之前，你應該沿著 API 請求的程式碼路徑規劃後端結構。這個動作的目的是在不公開後端結構的情況下對發生的錯誤進行分類，並指定要將哪一些公開給開發者。從 API 請求被發出的那一刻起，你必須做哪些重要的動作來滿足那個請求？將 API 請求過程（從請求的開始，到結構的各種服務邊界）的各種高階錯誤分門別類。表 4-2 提供一個簡單的範例來引領你入門。

表 4-2 將錯誤分成高階的類別

| 錯誤類別 | 範例 |
| --- | --- |
| 系統級錯誤 | 資料庫連接問題<br>後端服務連接問題<br>嚴重錯誤 |
| 商業邏輯錯誤 | 速率限制<br>請求被滿足了，但找不到結果<br>因為與商務有關的原因而拒絕讀取資訊 |
| API 請求格式錯誤 | 缺少必要的請求參數<br>組合的請求參數是無效的 |
| 授權錯誤 | 請求的 OAuth 憑證無效<br>權杖過期 |

按照程式碼路徑來分類錯誤之後，你要考慮對這些錯誤而言採取哪個溝通層級是有意義的。有些選項會在回應負載中放入 HTTP 狀態碼與標頭，以及機器可讀的「代碼」或更詳細的人類可讀錯誤訊息。請記住，你必須使用與非錯誤的回應一致的格式來回傳錯誤回應，例如，如果你在成功請求之後回傳 JSON 回應，就要在錯誤發生時回傳同樣的格式。

你或許也要藉由一種機制以一致的格式將來自服務邊界的錯誤上傳到 API 輸出。例如，你使用的服務或許有各種連結錯誤，你應該在出問題時讓開發者知道，告訴他們必須重試。

在多數情況下，你要盡量具體地說明來協助開發者採取正確的後續動作。但是在其他情況下，你可能要回傳比較籠統的資訊，以掩蓋原始的問題，這通常是出於安全的理由。例如，不要將資料庫錯誤上傳到外面的世界，以避免揭露太多關於資料庫連結的資訊。

表 4-3 說明當你設計 API 時應該如何組織你的錯誤。

表 4-3 將你的錯誤組織為狀態碼、標頭、機器可讀的代碼與人類可讀的字串

| 錯誤種類 | HTTP 狀態 | HTTP 標頭 | 錯誤碼（機器可讀的） | 錯誤訊息（人類可讀的） |
|---|---|---|---|---|
| 系統級錯誤 | 500 | -- | -- | -- |
| 商業邏輯錯誤 | 429 | Retry-After | rate_limit_exceeded | "你已經被限速了，查看 Retry-After 再重試一次。" |
| API 請求格式錯誤 | 400 | -- | missing_required_parameter | "你的請求缺少 {user} 參數。" |
| 身分驗證錯誤 | 401 | -- | invalid_request | "你的 ClientId 不正確。" |

當你開始架構錯誤時，可能會發現一些可用來建立自動訊息傳遞的模式。例如，你可以幫 API 定義索取特定參數的機制，並且在請求開始時用一個程式庫自動檢查它們，並且用同一個程式庫將詳細的錯誤格式化為回應負載。

你也可以建立一種機制在 web 上將這些錯誤文件化並公開。你可以將它們放到 API 描述語言中（見第 7 章）或文件化機制中。在編寫文件時應考慮錯誤的層級，如果錯誤的種類太多，描述許多因素會讓文件變得過度複雜。你或許可以考慮用詳細的回應負載連接文件，它是你讓開發者取得更多關於錯誤以及如何從錯誤恢復的資訊的地方。

若要進一步瞭解有意義的 HTTP API 錯誤與問題相關的建議，可參考 RFC 7807（*https://tools.ietf.org/html/rfc7807*）。

## 建構工具

除了讓開發者更容易排除問題之外，你也要建構內部與外部的工具來讓你自己更輕鬆。

當你解決開發者的問題時，可以 log（記錄）HTTP 狀態、錯誤、錯誤的頻率以及其他的請求詮釋資料，以便在內部與外部使用。圖 4-2 是 Stripe 的儀表板，裡面有詳細的 log 方便開發者排除錯誤。坊間有許多現成的 log 解決方案可用。如果你要親自實作這種功能，在你排除即時流量的問題之前，必須移除任何個人識別資訊（PII）來尊重顧客的隱私。要進一步瞭解可協助開發者 debug 與解決問題的開發者工具，請見第 9 章。

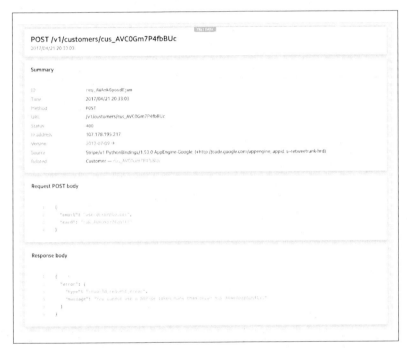

圖 4-2 顯示請求 log 的 Stripe API 儀表板

除了 log 之外，在建構 API 時，你應該建立儀表板來協助開發者分析 API 請求裡面的詮釋資料。例如，你可以使用一種統計平台來排序最常用的 API 端點、找出未被用過的 API 參數、分類常見錯誤，以及定義成功指標。

與 log 一樣，坊間也有許多立即可用的統計平台，你可以在高階的儀表板中，按照時間順序以視覺化的方式顯示資訊。例如，你可以展示上一週每小時的錯誤數量，此外，你也可以提供完整的請求 log 給開發者，裡面有原始請求的細節（無論它成功或失敗）以及回傳的回應。

## 讓你的 API 可擴展

無論你的 API 設計得多麼優良，隨著產品的演進以及開發者使用率的提高，必定會遇到改變與成長的需求。這代表你必須擬定 API 的發展策略，讓 API 是可擴展的。這可讓身為 API 提供者的你，以及你的開發者生態系統進行創新。此外，它可以提供一種應付破壞性變動（breaking change）的機制。我們接著來深入討論可擴展性的概念，以及如何採納早期的回饋、管理 API 的版本和維持回溯相容性。要更深入瞭解如何藉由開發 API 設計來擴展它，請見第 6 章。

---

### 專家說

API 應該提供可開啟新工作流程的基本元素，而非只是對映你的 app 的工作流程。API 的建立方式決定了 API 的使用者可用它來做什麼事情。如果你提供太低階的操作，可能會讓整合者負擔太多工作，產生令人混淆的整合體驗。如果你提供太高階的操作，可能會讓大多數的整合只是對映你自己的 app 所做的工作而已。為了實踐創新，你必須找到適當的平衡點，讓使用者能夠啟動不屬於你的 app 或 API 本身的工作流程。想想你自己的工程師希望 API 有哪些功能可讓他們建構下一個有趣的 app 功能，讓它成為你的公開 API 的一部分。

—Kyle Daigle，GitHub 的生態工程總監

---

可擴展性有一個面向是確保頂級夥伴有提供回饋的機會（要進一步瞭解頂級夥伴，見第 10 章）。你要設法釋出某些功能或欄位讓擁有特權的開發者可以在不將變動公開的情況下測試那些修改。有人稱它為 "beta" 或 "搶先採用者（early adopter）" 專案。要進一步瞭解這些專案，見第 10 章。這些回饋非常寶貴，可協

助你判斷 API 的設計是否滿足它的目標，讓你有機會在 API 被普遍採用之前、或執行需要進行大量的溝通或付出許多營運開銷的大型變動之前改變 API。

有時你可能想要管理 API 的版本。如果版本管理系統在早期就被納入設計之中，建構起來就非常容易。實作版本管理系統的時間拖得越久，它實施起來就會越複雜，原因是隨著時間的推移，你會越來越難以更新基礎程式的依賴關係模式，來讓舊版本保持回溯相容性。版本管理系統的好處在於它可以讓你用新版本進行破壞性變動，同時又能維持舊版本的回溯相容性。破壞性變動就是會讓之前可以正常運行的（使用你的 API 的）app 無法繼續運行的變動。

 要進一步瞭解 API 版本管理，請參考第 64 頁的 "列舉關鍵使用者故事"。

---

## 故事時間：Slack 的轉化層

Slack 在 2017 年推出它的 Enterprise Grid 產品，它是舊產品的聯合模型（federated model）。由於這種聯合，Slack 不得不從根本上改變它的使用者資料模型，讓使用者可以擁有多個 "工作區"。

之前在 API 中，使用者只有一個 ID。但是在新的聯合模型中，每位使用者都有一個主要（全域）的使用者 ID 供 Enterprise Grid 使用，以及一個區域性的使用者 ID 供各個工作區使用。當既有的團隊遷移至 Enterprise Grid 產品時，他們的使用者 ID 就會被更改，導致在 API 中使用固定使用者 ID 的任何一種第三方 app 都無法正常運作。

當 Slack 的工程團隊發現這個問題時，他們反回繪圖板（drawing board）好瞭解可以採取什麼動作來讓第三方開發者維持回溯相容性。他們決定做一個轉化層，用這個額外的架構默默地轉化使用者 ID，產生開發者以前收到的那一個 ID。

> 雖然建構這個轉化層的決策讓 Enterprise Grid 延後好幾個月推出，但是它對 Slack 確保 API 維持回溯相容性而言是非常重要的工作。

對協助發展業務的公司或產品而言，讓版本維持回溯相容性是很艱巨的要求，對沒有經歷過高變動率（rate of change）的 app 來說更是如此。許多企業軟體根本沒有專人負責更新版本，有的公司不想要投入資金更新版本的原因只是它們才剛發表了一個新的版本。許多用網際網路互相連接的硬體產品也使用 API，但硬體不一定都有更新軟體的機制，此外，硬體可能已經存在很久了，想想你最後一次買電視或路由器是多久以前的事了。出於這些原因，有時你必須維持與以前的 API 版本之間的回溯相容性。

儘管如此，維護版本是需要成本的。如果你已經很多年沒有能力支援舊版本了，或認為你的 API 不太需要變動，那麼無論如何請略過這些版本，採取附加式（additive）變動策略，在單一、穩定的版本中維持回溯相容性。

如果你預計在未來的任何時刻都有可能出現破壞性變動與更新，我們強烈建議你建立版本管理系統。就算你要花好幾年才能完成第一個重要的版本變動，至少你已經為系統做好準備了。在一開始就建立版本管理系統需要付出的成本比之後迫切需要它的時候才加入低得多。

 要進一步瞭解版本管理，見第 7 章。

> ### 故事時間：Twitch 棄用 API 事件
>
> 在 2018 年，線上視訊串流平台 Twitch 決定棄用一種 API
> 並提供新的 API。Twitch 在宣布舊的 API 已被棄用且壽命
> 已經結束（關機）之後收到許多來自開發者的回饋，指出他
> 們的整合已經故障了，需要一些時間來處理這種破壞性變
> 動。因為這些回饋，Twitch 決定延長舊 API 的壽命，讓開
> 發者有足夠的時間將他們的程式移到新的版本。

## 總結

堅實的 API 一定會滿足使用者的需求。本章探討了一些協助你提
供絕佳開發者體驗的最佳做法。

當你建構 API 與開發者生態系統時，或許也會發現你的公司、產
品、使用者特有的最佳做法。

在第 5 章，我們將實踐這些概念，並帶領你使用截至目前為止教
導的東西來設計一個 API。

第五章

# 實務設計

我們已經提供 API 模式、安全防護與最佳做法的指南了，接下來是實際動手設計 API 的時候了。在這一章，我們將採用本書的第一部分談過的所有內容，並使用一個虛構的範例來探討各種不同的注意事項。

此外，我們也會深入瞭解如何建立高效的設計流程，讓你能夠自行設計 API，無論你的使用案例為何。

本節把重點放在使用者體驗上，以錨定我們的設計決策。現在的消費者已經習慣可以滿足其需求與生活風格的產品體驗了，而非只是可完成工作的產品。他們這種對於體驗品質的高度期望已經超出對於產品本身的期望了。這種期望也擴展到他們使用的 app 以及使用 API 時的開發者體驗。

我們或許會創立企業與公司，但不會為自己設計 API。我們會幫接收資料的系統設計 API，而且更重要的是，為建構這些系統的人設計 API，如果那些開發者無法使用我們提供的資料，我們設計了一個不實用的東西。

接下來的小節將以兩個不同的案例來研究如何以 "以使用者為中心" 的設計程序來進行設計，以及如何在過程中得到回饋。設計的方法有很多種，接下來討論的程序只是讓你開始工作的框架而已。

重點在於，它的目的是在過程中徵求回饋，最終產生利益 API 使用者的決策。

如果你想要使用自己的範例跟著操作，可以考慮使用附錄 A 的設計工作表來幫助自己。

# 情況 1

為了使用實際的範例，在本章的第一個部分，我們要使用一個簡單、虛構的情況：

> 你是快速成長的圖像儲存新創公司 *MyFiles* 的首席工程師。這間公司的主力產品是讓個人使用者與公司儲存私人資料。因為現在這間公司已經有源源不絕的新使用者與大量的歸檔詮釋資料了，你和團隊認為現在應該是建構與發表 *API* 的時機了。身為首席工程師，你的工作是在下一季推出新的 *API*。

## 定義商務目標

在開始編寫程式或 API 規格之前，你要花一點時間問自己兩個問題：你想要解決什麼問題，以及你希望透過這個 API 造成什麼影響？在回答這兩個問題時，你必須把重點放在使用者的需求和你已經開創的商務上。

第一個問題的答案必須是一段可放在任何產品或技術規格開頭的短句子，它必須包含 "這個問題如何影響顧客和生意，或與它們有什麼關係" 等資訊。

第二個問題的答案必須定義 API 成功時的樣貌，描述你希望從使用 API 的開發者看到的行為。

你越早問這些問題，就越能夠做出可達成目標的明智設計決策。

接下來的專欄將展示這個 MyFiles API 的問題與影響敘述。

## MyFiles API 的問題與影響敘述

問題

我們的歸檔存放區為直接客戶提供了寶貴的檔案詮釋資料。顧客可以使用這些資料來與商務關鍵服務整合，但他們目前是藉由下載 CSV 與上傳 CSV 到其他的商業產品來完成這件事。我們目前還無法以程式授權使用第三方整合程式的顧客存取歸檔詮釋資料。

影響

建構 API 後，為歸檔詮釋資料建立商業整合程式的開發者就可以用它來建立外掛程式以增強我們的產品的功能。此外，既有的顧客可以用以前無法採取的用法來使用我們的產品，因此更願意在日常生活中使用。

這些說明提到三個關鍵：

- MyFiles 業務
- 顧客
- 建構第三方整合的開發者

雖然 MyFiles API 也適用於其他業務的三方關係，但是在問題與影響的說明裡面提到的參與方只有公司與開發者，他們也是顧客。我們使用問題與影響敘述來明確地定義 API 的使用者是誰。

完成這件事之後，請確保你和公司的其他專案關係人達成共識。讓即將建構或使用這個 API 的各方人士瞭解 API 試著解決的問題非常重要，不符合定義的期望會造成衝突，進而導致不一致或互相矛盾的 API 設計。

明確定義問題與影響有一個很重要的原因在於，在你最初提出設計專案、開始製作任何東西之前，可能會有一些意識形態的對話。例如，專案關係人可能堅持採取某些實作的細節，例如究竟要使用 RPC 或 REST，或其他類似的主題。如果你無法把焦點放在問題的說明，整個公司會陷入意識形態的僵局。明確地說明問題與希望造成的影響可協助大家根據使用者的需求做出務實的選擇與設計。

當你回答這些問題時，請記得當你的產品改變時，API 也會改變。在最佳情況下，你的 API 會變成一個活生生的系統，會因為透過網際網路與其他實體互動而成長。你今天認為理所當然的"事實"可能會與明天的不一樣，但不要因此而停止設計——請為今日而設計，並且為明天留一扇小門。

就算你不是第一次為產品設計 API，定義問題與影響仍然非常重要，事實上，我們認為它比你認為的還要重要。由於回溯相容性以及和其他團隊的依賴關係，為已經成熟的 API 與產品進行開發的複雜度更高。你應該先做困難的工作，並確保你已經研究過這些事：

- 有哪些 API 可用，以及它們的模式和規範是什麼？
- 在你已經發表的、類似的 API 中，最受歡迎的功能有哪些？你可以從既有的檢測或紀錄中得到參考指標嗎？
- 你最想要改變既有的 API 的哪些地方，以及你打算怎麼做這件事？
- 有哪些團隊會被你的新 API 影響？如何盡快取得他們的回饋？

## 列舉關鍵使用者故事

描述問題與預期的影響之後，你要寫下一些你希望 API 可以滿足的使用案例。（如果你熟悉敏捷（Agile）方法，它們很像"使用者故事"，其中的使用者就是你的開發者。）在任何情況下，你都要注意使用者的類型，以及使用者能夠完成的操作。見範例 5-1 的模板。

範例 5-1 定義關鍵使用者故事的模板

```
As a [user type], I want [action] so that [outcome].
（身為 | 使用者類型 |，我想要 | 做什麼事 | 來實現 | 結果 |。）
```

範例 5-2 是 MyFiles API 的一些範例。

範例 5-2 *MyFiles API* 的使用者故事範例，情況 *1*

> 身為**開發者**，我想要**請求一系列的檔案**來查看使用者上傳了哪些東西。
>
> 身為**開發者**，我想要**請求單一檔案的細節**，以便取得使用者上傳的檔案中的細節。
>
> 身為**開發者**，我想要**以使用者的名義上傳檔案**，如此一來，使用者就不需要為了將檔案加到 MyFiles 而離開我的 app 了。
>
> 身為**開發者**，我想要**以使用者的名義編輯檔案**，如此一來，使用者就不需要為了將檔案加到 MyFiles 而離開我的 app 了。

下一節將介紹如何將這些使用者故事直接轉換成技術結構決策。

# 選擇技術結構

如前所述，現代的消費者要的不僅僅是可完成工作的產品，產品的設計已經從產品的易用性擴展為選擇與接收產品的體驗了。眾所周知，IKEA 設計的產品包裝簡單，不需要說明就可以輕鬆組裝，Amazon 提供了 "無煩惱" 配送，同樣的，用你的 API 進行開發的開發者也期望得到無縫的消費者體驗，這就是選擇正確的模式與身分驗證系統如此重要的原因。

我們先來選擇你想要創造的 API 模式。使用你在第 2 章學會的知識，在表 5-1 填入各種模式的優缺點，我們為 MyFiles API 填寫這個表格。

表 5-1 MyFiles API 的各種 API 模式的優缺點

| 模式 | 優點 | 缺點 | 選擇？ |
|---|---|---|---|
| REST | MyFiles 本質上是資源導向的。這些資源是已歸檔的內容與詮釋資料。我們要支援的操作是簡單的建立（Create）、讀取（Read）、更新（Update）與刪除（Delete）（統稱 CRUD）操作。 | REST 可以長期當成檔案的資源模型來使用。如果我們需要支援好幾種操作，或許就不適合使用 REST。 | ✓ |
| RPC | 除了 CRUD 之外也可以增加其他的操作。 | 此時，這個 API 不會執行 CRUD 之外的操作，因此應該不需要支援其他的操作。 | ✗ |
| GraphQL | 對開發者來說很靈活。容易維持小型的負載。 | 實作起來過於複雜。此時還不需要讓用戶端表達。 | ✗ |

根據優缺點來分析，對 MyFiles API 而言，最佳的選項是 REST。REST 是資源導向的模式，很適合 MyFiles 產品。我們必須讓開發者從一開始就可以登入 MyFiles 帳號，好讓他們可以一覽全局。接下來我們要把重點放在情況 1 的 REST API 的組建階段。

在情況 2 中，我們要瞭解 WebHooks 如何提供機制讓 MyFiles 推送資料給開發者，如此一來，他們就不需要不斷地輪詢 REST API 或保持與 MyFiles 伺服器的連結了。

選擇傳輸方式之後，我們要使用 MyFiles 範例與從第 3 章學到的東西來選擇身分驗證機制。因為有些顧客有敏感檔案，我們希望使用比 Basic Authentication 強健的機制，所以選擇使用 OAuth 以及短期的權杖和更新權杖，以便更高程度地保護使用者儲存的私人檔案。選擇 OAuth 之後，我們要選擇一些 OAuth 存取範圍。

為此，我們要列出我們想要提供的資源類型，以及可透過 API 執行的操作，接著要填寫一個合理的存取範圍方案，因為 MyFiles

API 使用 REST，我們在表 5-2 的左欄填寫資源。你的 API 可能會採取不同的做法，而且你要考慮的可能是透過 API 提供的物件，而不是資源，這些物件可能是被使用者的行為影響的資料、被開發者的行為影響的資料，或你要傳給開發者的任何資料。注意表 5-2 的操作與 MyFiles 的 CRUD 有密切的關係，你的操作可能是不同的，尤其是當你選擇不同的模式（例如 RPC）時。

表 5-2 MyFiles API 的操作與資源

| 資源或物件 | 操作 |
| --- | --- |
| 檔案與它們的詮釋資料 | 建立 |
| 檔案與它們的詮釋資料 | 讀取 |
| 檔案與它們的詮釋資料 | 更新 |
| 檔案與它們的詮釋資料 | 刪除 |

掌握資源與操作之後，接下來要選擇 OAuth 範圍。我們有幾個選項：

- 我們可以建立一個通用的範圍、檔案，用它來涵蓋與檔案有關的所有操作。
- 我們可以把檔案分成兩個操作部分：讀取與寫入。
- 我們也可以更精細地將範圍拆成特定的 CRUD 操作。

更仔細地考慮範圍與支援的操作之後，我們決定移除刪除檔案的功能，因為使用者不常做這個動作，而且它是最危險的操作。因此，在 MyFiles 中，我們有簡單的 read 與 write 範圍，它們將涵蓋我們的三項操作。在 MyFiles 產品中，讀取的安全性比寫入高，所以我們希望為授權 app 的使用者區分這兩者，同時，它們也提供了擴展成其他操作的選項，可在我們即將發表它們時使用。表 5-3 是資源的操作範圍細節。

表 5-3 MyFiles API 的範圍、操作與資源

| 資源或物件 | 操作 | 範圍 |
| --- | --- | --- |
| 檔案與它們的詮釋資料 | 建立 | write |
| 檔案與它們的詮釋資料 | 讀取 | read |
| 檔案與它們的詮釋資料 | 更新 | write |

在 MyFiles 案例中，我們的決策與撰寫文件有非常動態的關係，因為我們列出所需的操作與考慮 OAuth 的範圍，所以做出 "減少提供給 API 的初始功能" 這個艱難的決定。在設計的過程中，你難免要做出關於實作與範圍的決定，你應該接受這些決定，因為它們有助於更妥善地解決你最初定義的問題。

# 編寫 API 規格

做出一些關鍵的高階決策之後，接下來你要寫一份規格（也稱為 *spec*）。規格為你提供了一個徹底思考設計的機會，它也可以當成與別人溝通的工具，尤其是在你收集專案關係人的回饋時。最後，當規格獲得共識之後，它可以當成合約，讓你平行地建構 API 的各個部分。

建議你使用具備版本控制與註解支援的合作文件編輯軟體，這是促進參與、追蹤回饋以及讓所有人都可以隨時得到最新變動的絕佳手段。

---

## MyFiles API 技術規格簡介

一份強而有力的規格在一開始會有一個高階的摘要，詳細介紹你的主要決策，並且簡單地解釋你為何做那些決策。下面是 MyFiles 的技術規格範例。

標題

　　提議：MyFiles API 規格

作者

　　Brenda Jin

　　Saurabh Sahni

　　Amir Shevat

問題

　　我們的歸檔存放區可為直接客戶提供寶貴的檔案詮釋資料。顧客可以使用這些資料來與商業關鍵服務整合，但是他們目前只能藉由下載 CSV 與上傳 CSV 到其他商業

---

產品來做這件事。我們目前還無法用程式來授權使用第三方整合的顧客存取存放區詮釋資料。

**解決專案**

建構 API 來讓開發者以程式存取 MyFiles 檔案。

**實作**

在這個 API，我們決定使用 REST，理由如下：

- REST 資源模式符合 MyFiles 在我們的技術堆疊中處理檔案的方式。
- API 需要的檔案操作方式與 CRUD 非常符合。
- 此時不需要做事件傳輸。

**身分驗證**

這個 API 將使用 OAuth 2.0 以及更新權杖和權杖過期機制。

**其他考量**

WebHook 是讓開發者取得使用者事件（例如檔案上傳與檔案變動）資訊且不需要持續輪詢資料的絕佳手段。我們決定列出它如何運作的說明。我們預計在 API 的第 2 階段建構它們。

我們決定先不為第三方開發者製作 DELETE 操作，因為我們認為它的風險極高，而且最初推出的 API 不需要這項功能。

---

這份規格開始列出越來越詳細的資訊，例如開發者的工作流程大綱、身分驗證資訊（如果已建構新的授權機制），以及關於資料傳輸協定的任何相關細節。使用視覺化的圖表有助於傳達以文字描述時很複雜的資訊。

表格也是很實用的工具，可用來詳細說明 API 的多維面向。對 REST 或 RPC API 而言，概述 URI 或方法名稱、輸入、輸出、錯誤與存取範圍有很大的幫助。

表 5-4 在這個簡單的 MyFiles 範例中使用表格的情況。

表 5-4　用詳細的表格描述 MyFiles API 技術規格的各個 API URI

| URI | 輸入 | 輸出 | 範圍 |
|---|---|---|---|
| GET<br><br>/files | Required: N/A<br>Optional:<br>include_deleted (bool)<br>default false<br><br>limit (int)<br>default 100, Max 1000<br><br>cursor (string)<br>default null<br><br>last_updated_after<br>(timestamp):<br>default null | 200 OK<br>Array of $file resources:<br>[<br>  {<br>    "id": $id,<br>    "name": string,<br>    "date_added":<br>      $timestamp,<br>    "last_updated":<br>      $timestamp,<br>    "size": int,<br>    "permalink": $uri,<br>    "is_deleted": bool<br>  }<br>] | read |
| GET<br><br>files/:id | | 200 OK<br><br>$file | read |
| PATCH<br><br>files/:id | Updatable fields:<br>name   (string)<br><br>notes   (string) | 202 Accepted<br><br>$file | write |
| POST<br><br>files/:id | Required:<br>name (string)<br>Optional:<br>notes (string) | 200 Created<br><br>$file | write |

在你的表格中，URI（或端點）欄位應該包含 REST 端點的
HTTP 方法。輸入欄位應該包含所有的輸入參數、它們可接受的
型態、它們的預設值，以及各個參數是不是必須的。輸出欄位應
該列出成功的回應與它的型態，你可以使用速記值，或是在基礎
程式中表示型態的方式來表示這些型態。你也可以列出自定的、
或將會用 API 描述語言定義的型態（要進一步瞭解這項資訊，見
第 7 章）。或者，你可以直接放入一個文字範例。錯誤欄位的內
容是你將會幫 API 公開的重大使用者錯誤，不要在這裡列出一般
錯誤與系統錯誤。如果你使用 OAuth，應該在範圍欄位列出授權
API 方法存取的範圍。（亦見第 199 頁的 "API 規格模板"。）

在 MyFiles API URI 的規格中，我們也加入各個資源專屬的錯誤碼。除了這些資源專屬的錯誤之外，你也要全面性地考慮我們將如何回應可能在任何 API 中發生的錯誤。表 5-5 列出一般與特定錯誤，以及我們在這個情況之下為 MyFiles 範例選擇的 HTTP 狀態碼。

表 5-5 在 MyFiles API 技術規格中描述錯誤的 HTTP 狀態碼的表格

| 狀態碼 | 說明 | 錯誤回應內文 |
| --- | --- | --- |
| 200 OK | 請求成功。 | 見表 5-4 的輸出。 |
| 201 Created | 請求成功而且建立了新檔案。 | 見表 5-4 的輸出。 |
| 202 Accepted | 檔案已成功更新。 | 見表 5-4 的輸出。 |
| 400 Bad Request | 請求無法被接受，通常是因為缺少參數，或因為錯誤，例如提供太大的檔案。 | `{ "error": "missing_parameter", "message":"The following parameters are missing from your request: <parameter1>, <parameter2>." }` |
| | | `{ "error": "file_size_too_large", "message":"The file provided is too large.The limit is <file_size_limit>." }` |
| 401 Unauthorized | 未提供有效的權杖。 | `{ "error": "unauthorized", "message":"The provided token is not valid." }` |
| 403 Forbidden | 使用者沒有查看文件的權限。 | `{ "error": "forbidden", "message":"You do not have permission to access the requested file <id>." }` |
| 404 Not Found | 找不到請求的檔案。 | `{ "error": "file_not_found", "message":"The requested file <id> was not found." }` |

| 狀態碼 | 說明 | 錯誤回應內文 |
|---|---|---|
| 429 Too Many Requests | 在特定的時間內送出太多請求。 | `{ "error": "too_many_requests", "message":"You have made too many requests in a short period of time.Try again in <time> minutes." }` |
| 500 Server Error | 伺服器端發生某種錯誤。 | |

你應該可以發現，你必須做出一些關於如何說明型態與資源的決策。有時，你需要留一些空間來描述有哪些型態可以設為 null，以及有哪些型態是選用的。此外，你需要一個空間來說明更多資訊，例如，你希望如何用 API 來處理檔案上傳。你可能要加入備註欄位並且在那裡列出這些資訊。如果你的橫向空間不夠了，可以將頁面轉為橫向模式，或使用提供橫向捲動表格的文件編輯器。

除了在 API 規格中列出剛才談到的內容之外，你也可以加入關於擴展、效能、log 與安全防護的額外資訊。最後，在規格的結尾，你可以加入一個未答問題部分，列出尚未回答的問題。

# 情況 2

我們來進一步設計 MyFiles 的 API。以下是本章接下來的部分的情況：

> 你已經建構並發表 *MyFiles REST API* 了，並且在幾個月以來取得巨大的成功。你和開發者密切接觸以取得他們的回饋，並且知道他們希望能夠在檔案被更改之後收到更新訊息，為此，在原始的 *REST* 設計中，這意味著他們必須對每一個應注意的檔案發出多個請求並檢查任何的差異。這種輪詢行為會造成結構的負擔，對開發者來說也很不方便。因此，你的團隊決定建構一些機制來處理這個問題。

## 定義問題

以下是情況 2 的問題與影響敘述：

---

### MyFiles API 情況 2 的問題與影響敘述

問題

我們的 REST API 已經可以讓開發者以程式存取第三方整合了，但是開發者目前只能持續輪詢 API 來追蹤檔案的變動，每個檔案每分鐘最多一次。

影響

當我們在 API 中加入一些額外的功能之後，只要開發者關心的檔案被更改時，他就可以收到更新訊息。

---

## 列舉關鍵使用者故事

下面的 "MyFiles API 的使用者故事，情況 2" 說明情況 2 的關鍵使用者故事。

---

### MyFiles API 的使用者故事，情況 2

身為一位**開發者**，我想要在**有檔案被加入、更改或移除時收到更新**，如此一來，**我就不需要持續輪詢 REST API** 了。

---

# 選擇技術結構

在情況 1，我們選擇 REST API 作為技術結構。在新的情況，我們先考慮各種事件驅動 API。表 5-6 為 MyFiles API 列出三種常見模式的優缺點：WebHook、WebSocket 與 HTTP Streaming。

如果你需要復習各種類型的事件驅動 API，請見第 2 章。

表 5-6 MyFiles API 的事件驅動 API 的優缺點

| 模式 | 優點 | 缺點 | 選擇？ |
|---|---|---|---|
| WebHook | MyFiles 開發者可能希望每次有檔案被加入、移除或改變時收到事件。 | 如果檔案經常被更改，我們可能需要複雜的基礎結構來消除重複的事件，以免無意間啟動開發者的 app 上面的分散式阻斷服務攻擊（DDoS）事件。 | ✓ |
| WebSocket | 可讓內部用戶端用來顯示 UI。 | 我們不希望讓開發者透過 API 為 MyFiles 建立 UI 用戶端。<br>我們認為，開發者想要瞭解的事件類型不需要用到長期連結。 | ✗ |
| HTTP Streaming | 適合頻繁地推送資料。 | 由於檔案的更改頻率很低，我們認為不需要使用 HTTP Streaming。 | ✗ |

根據各種事件驅動 API 的優缺點，我們決定使用 WebHook。關於這個設計，你還需要考慮一個額外的面向：開發者如何設定他們的組態來準確地選擇他們感興趣的事件與檔案。先記得這件事，我們不會在這一章討論組態設計。

# 編寫 API 規格

接下來，我們要考慮關鍵使用者故事與之前選擇的技術結構，參考接下來的 MyFiles WebHook 設計規格範例。如果你用你自己的範例跟著操作，或許可以使用我們提供的 API 規格模板（第 199 頁的 "API 規格模板"）。

# MyFiles WebHook 情況 2 的設計規格範例

標題

  提議：MyFiles API WebHook 規格

作者

  Brenda Jin

  Saurabh Sahni

  Amir Shevat

問題

  我們的 REST API 已經可以讓開發者以程式存取第三方整合了，但是開發者目前只能持續輪詢 API 來追蹤檔案的變動，每個檔案每分鐘最多一次。

解決專案

  建構一個事件驅動 WebHooks API 來讓開發者接收所選擇的、與 MyFiles 檔案有關的加入、更新與更改事件。

實作

  開發者要指定一個他們控制的端點來讓我們的 WebHook 傳送 POST 請求，這個請求含有各個規格的 JSON 內文。見表 5-7 的負載規格。

身分驗證

  這個 API 將使用 MyFiles REST API 的 OAuth 2.0 身分驗證。所有安裝了 read OAuth 範圍的開發者都能夠接收 WebHook 請求。

其他考量

  設計事件驅動 API 的方法有很多種，我們選擇 WebHook。我們也評估過 WebSocket 與長期的 HTTP 串流連結。

除了高階的概述之外，我們也要編寫關於事件及其負載的細節。
見表 5-7。

表 5-7 說明 MyFiles API 技術規格的事件物件的表格

| 事件 | 負載 | OAuth 範圍 |
|------|------|-----------|
| file_added | `{`<br>`  "id": $id,`<br>`  "resource_type":`<br>`  "file",`<br>`  "event_type": "added",`<br>`  "name": string,`<br>`  "date_added": $timestamp,`<br>`  "last_updated": $timestamp,`<br>`  "size": int,`<br>`  "permalink": $uri,`<br>`  "notes": array <file_notes>,`<br>`  "uri": $uri`<br>`}` | read |
| file_changed | `{`<br>`  "id": $id,`<br>`  "resource_type": "file",`<br>`  "event_type": "changed",`<br>`  "name": string,`<br>`  "date_added": $timestamp,`<br>`  "last_updated": $timestamp,`<br>`  "size": int,`<br>`  "permalink": $uri,`<br>`  "notes": array <file_notes>,`<br>`  "uri": $uri`<br>`}` | read |
| file_removed | `{`<br>`  "id": $id,`<br>`  "resource_type": "file",`<br>`  "event_type": "removed",`<br>`  "name": string,`<br>`  "date_added": $timestamp,`<br>`  "last_updated": $timestamp,`<br>`  "size": null,`<br>`  "permalink": null,`<br>`  "notes": null,`<br>`  "uri": null`<br>`}` | read |

請注意，在這個範例中，我們需要做一些關於"如何註釋特定資源的改變類型"的決策。例如，要不要在負載裡面放更多資料？或者，要不要使用更詳細的事件名稱，加入開發者可以往哪裡發出後續的請求以取得更多資訊的參考（就像表 5-7 的 `payload. uri` 欄位）？

# 驗證你的決策

討論如何編寫 API 規格之後，我們要接收回饋。在編寫各個規格之後，你應該設法與專案關係人一起測試你的想法。在這一章，我們用兩個不同的規格來提供一系列的範例，但是在真實世界中，每一個情況之間都會間隔一段時間，而且每個規格編寫完成之後都要徵求回饋意見。不要等到完成 API 之後才接收回饋——在早期取得正確的回饋可以節省許多時間，避免付出高昂的代價重寫程式。

## 與關係人一起審查規格

本章提出的設計方法有一個指導原則就是盡早且經常取得回饋。你可以用剛才寫好的規格取得回饋，包括關於問題、高階解決專案與細節的回饋。你應該與別人一起審查你的規格，並徵求關於設計的回饋。找到一位可能建構商業整合程式的開發者，並且瞭解他們的想法。如果你的專案關係人是公司內部的同事，你也要取得他們的回饋。在你編寫任何程式之前，務必經歷這些回饋的循環，因為建構與使用 API 的心態是不一樣的，你收到的回饋可以協助你在開始建構之前修改關於易用性的問題。

收集回饋的目的不是簡單地"簽字同意"，當你收集回饋時，應該歡迎對方提出建設性的反面意見與批評。這不是為了讓別人破壞你的設計，而是為了讓你可以在開始建構之前，先收集寶貴的資訊來改善它。（希望你與重要關係人之間的關係是建立在信任與互相瞭解之上，以協助推動這一場討論。）

收集回饋不是為了證明（或反駁）你的設計能力，事實上，這件事甚至與你的想法無關，你們應該要真心探討你在本章開頭定義的問題的解決專案。在整個回饋過程中保持真正的好奇心可促進意見的交換。在收集回饋時，你應該深入瞭解關係人擔心與疑惑的事項，就算他們說的話很難聽，甚至你根本不同意。在發問時，最好具體指出你相要得到的資訊，例如，與其問"你喜歡它嗎？"不如問"當你實作 WebHook API 時遇到什麼問題？"來的有幫助。你或許最終決定不採納關係人的建議，因為你的解決專案已經用別的方式處理他們擔憂的事項了。經過這種更深入的瞭解，你的解決專案將會更全面、更多元化，而且你會做出更多有意為之的權衡取捨。

歸納複雜的想法以及合併看似不同的關切點絕對需要付出許多精力—它比直接開始進行你的第一個解決專案多得多。但是，建構正確的 API 遠比建構錯誤的還要好。

## 模擬資料來做互動式使用者測試

我們建議你使用任何可用的工具來測試你的設計並收集你需要的回饋。模擬資料（mock data）是其中一種工具。例如，你可以幫開發者建立一個介面，讓他們以你在規格中提出的格式從中取得模擬資料。模擬資料是一組可透過 app 或某些其他的輕量級介面來提供的固定回應（你可以透過既有的 web app 來安排路由）。對專案關係人來說，模擬資料 app 是比較有互動性的測試環境，可幫助你在完整實作 API 之前取得更具體的回饋。此外，使用模擬工具的話，你的開發者就可以在你開發 API 的同時實作他們的 app 與整合軟體。

## Beta 測試者

專案關係人通常不是只有內部人員。如果你的 API 是讓大眾使用的，在徵求回饋時，也要考慮外部關係人。當你根據規格做出一些決策並且開始建構 API 時，應該考慮用 beta 測試程式來取得開發者夥伴的回饋，這可讓開發者夥伴搶先體驗新的 API，讓他們在官方版本發表之前提供回饋，讓身為 API 建構者的你有額外的機會為真正的使用者與使用案例改善 API 的設計。要進一步瞭解如何建構開發者夥伴程式，請參考第 10 章。

# 總結

我們認為 MyFiles API 有一個好的開始，你覺得呢？在之前的過程中，我們提供了一個可讓你用來設計 API 的通用模板。當你在思考如何擬定 API 設計程序時，可考慮盡量讓這個程序維持輕量與快速，同時取得最多的回饋。

在本書中，我們將會持續鼓勵你考慮人為因素。你會一而再、再而三地看到，不良的設計決策是 API 提供者忽略使用者或開發者社群的需求造成的。

你可以根據機構的需求使用我們提供的模板，但是別忘了使用者的存在！

# 第六章

# 擴展 API

確保你的 API 跟著使用案例與負載一起擴展是讓它成功的關鍵要素。在這一個部分，我們要討論下列的最佳擴展做法與提示，以確保你的 API 是 future-proof[譯註]的：

- 擴展傳輸量
- 不斷發展 API 的設計
- 將 API 分頁
- 限制 API 的速率
- 開發者 SDK

當你建構 API 讓別人使用時，實用性與可靠性非常重要。你必須確保這些特性永遠不會失去，而且可以為它的使用者持續快速載入。但是你的 API 可能會突然遇到使用率激增的情況，有時這可能會影響服務的品質，甚至降低你自己的 app 的效能，如果那個 app 使用你的 API 的話。

為了提供更多的 API 呼叫來擴展 API，你可以在應用層面上做很多事情。資料庫查詢優化、資料庫切分、加入缺少的索引、使用快取、非同步執行昂貴的操作、編寫高效的程式以及優化 web 伺

---

譯註：future-proof 是在設計軟硬體時，讓它即使在未來技術改變的情況下仍然可以運作，可直譯為“防過時”，本書採用原文。

服器都有助於提高傳輸量和減少延遲，它們都非常重要，也是你必須做的事項。我們只在本章的第一節簡單地說明這些主題，因為坊間有其他關於 web app 效能的書籍更廣泛地討論它們。

除了這些優化之外，還有另一組經常被忽略的變動可以協助擴展 API。你可以採取多種方式來設計 API、改變 API 使用策略或協助第三方開發者在使用你的 API 時編寫高效的程式。在第 89 頁的 “發展你的 API 設計” 中，我們會討論這些經常被遺忘的最佳做法與提示，它們在你擴展 API 時有很大的用途。

你的 API 可能也需要處理越來越大的資料集，分頁法可以高效地傳送大型的資料集給開發者。我們會在第 96 頁的 “將 API 分頁” 討論一些關於它的提示與技術。

就算你已經透過擴展傳輸量來處理上述的所有問題了，發展你的 API 設計以及分頁你的 API 仍然有機會讓開發者以極高的速度發出請求。在第 101 頁的 “限制速率的 API” 中，我們要討論將開發者請求有效地限制為合理的頻率來維持整體 app 健康的策略。

最後，擴展 API 不僅僅與 app 和 API 內讓它們成長的機制有關，在第 113 頁的 “開發者 SDK” 中，我們要討論如何為開發者建構工具來促成最佳做法。

# 擴展傳輸量

隨著 API 的使用者數量日益成長，傳輸量（以每秒的 API 呼叫數來計算）也會增加。在這一節，我們要討論各種支援這類成長的 API 優化做法。

## 尋找瓶頸

當你擴展 API 時，可能要對你的 app 結構與程式碼做根本性的改變。首先，你必須找到你的擴展瓶頸是什麼，否則，你就只是在猜測而已。深入瞭解瓶頸最好的做法就是透過檢測，藉由收集 API 的使用資料與監視能力瓶頸，你就可以利用資料找出有助於擴展的優化策略。

通常瓶頸不出這四大類：

磁碟 I/O

昂貴的資料庫查詢與本地磁碟存取通常會造成與磁碟有關的瓶頸。

網路 I/O

在現代的 app 中，網路瓶頸通常是需要在資料中心之間執行 API 呼叫的外部服務依賴項目造成的。

CPU

執行昂貴計算的低效率程式碼是 CPU 瓶頸的常見原因之一。

記憶體

記憶體瓶頸經常在系統沒有足夠的 RAM 時發生。

大多數的雲端託管供應商都提供了一些評估這些瓶頸的解決專案。如果你使用 Amazon Web Services（AWS）的話，可以使用 Amazon CloudWatch，Heroku 有 New Relic 可用，在 Google 上面，你可以使用 Stackdriver 來閱讀統計指標以瞭解健康情況、效能與可用性。

為了找出具體的瓶頸，你可以監看我們剛才列出的種類，並關注你最常呼叫的 API 方法。瓶頸最明顯的癥狀之一就是回應時間的高度延遲，藉由測量 API 方法的回應時間以及它們被呼叫的頻率，你就可以縮小需要優化的方法的範圍。

當你找到有哪些 API 方法需要優化之後，可以採取找出瓶頸的最佳手段之一——效能分析。雖然效能與擴展是兩回事，但它們有密切的關係，因為效能不良的 API 難以擴展。

藉由分析程式，你可以找出哪些功能大量使用你的 CPU 或記憶體。在開發環境中進行分析通常可以協助你找到 app 的瓶頸，但是有時產品會出現不同的問題，例如產品的行為與事件很難在開發環境中模擬或重現。為了進一步分析效能問題，你可以用一小部分的流量來分析產品。圖 6-1 的 Stackdrivers 可協助工程師瞭解有哪些路徑使用絕大多數的資源，以及他們的程式碼被呼叫的各種方式。

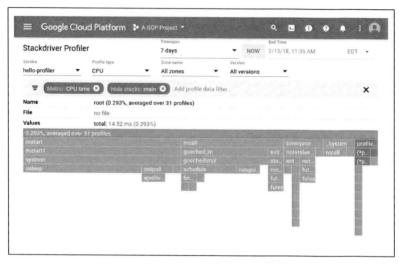

圖 6-1 Google Cloud Platform 的 Stackdriver Profiler 產生的效能火焰圖

除了分析程式碼來找出大量使用 CPU 或記憶體的功能之外,資料庫分析也可以協助你找出與磁碟 I/O 有關的緩慢查詢。MySQL 提供一種緩慢查詢 log,可 log 花了很長的時間執行的查詢。其他的資料庫也提供類似的解決專案來分析與隔離可能有問題的查詢。

要找出網路 I/O 瓶頸,負載測試以及上述的方法是另一種常用的技術,可讓你知道 API 在預期峰值負載條件之下的行為。負載測試可以協助找到系統的最大工作能力,以及可能在高負載時導致服務劣化的瓶頸。有些公司使用負載測試在已知的高峰期到來之前執行內部演練。值得注意的是,電子商務公司會採取這種做法來準備和計劃大型購物活動(例如美國的黑色星期五)導致的購物高峰,這些高峰可能產生五倍的流量與交易量。

## 增加計算資源

有時只要加入更多計算資源就可以協助擴展 app 了。加入資源的做法有兩種:

直向擴展

直向擴展可藉著提升既有伺服器的能力來實現，例如 CPU、
RAM 與磁碟。

橫向擴展

橫向擴展可藉著在資源池加入更多伺服器實體，讓它們一起
承擔負載來實現。

圖 6-2 是典型的大型 web app 結構。web 伺服器的前面有個負載
平衡器，可將請求分散到各個伺服器。在橫向擴展資料庫時，我
們通常會分割資料，將一個資料表裡面的資料列分到不同的伺服
器存放，其中的每一個伺服器只存有部分的資料，這也稱為資料
庫切分（*database sharding*）。除了切分之外，你也可以使用資
料庫複製（*database replication*）來分散資料庫的負擔。這些做
法可以協助改善效能、可靠性與擴展性。擴展雲端 app 結構有許
多細微的差別，本書不予討論。

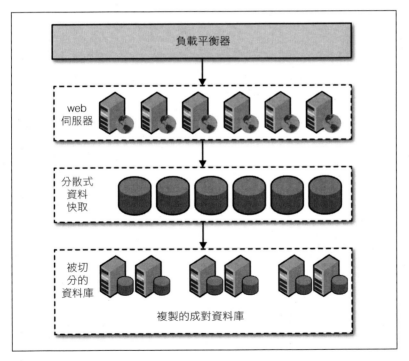

圖 6-2 典型的大型 web app 結構

# 資料庫索引

製作索引可優化資料表的資料讀取操作。索引可以協助資料庫幫查詢指令找到資料列來回傳，不需要比對資料表的每一列資料，具體做法是額外儲存一個索引資料結構。

例如，如果你經常在 users 表中以 email 地址尋找使用者，為email 欄位建立索引可協助你提升這些查詢的速度，如果沒有索引，資料庫就需要查看每一列。

但是加入太多索引也不是件好事。資料表的每一個索引都需要額外的儲存空間，而且加入、更新或刪除資料列的效能都會被影響，因為執行這些操作時，你也要更改相應的索引。通常你要幫經常出現在 WHERE、ORDER BY 與 GROUP BY 等句子裡面的欄位製作索引。

要進一步瞭解如何製作資料庫索引，你可以參考你所使用的資料庫的文件與資源。

# 快取

快取是 web app 在擴展成非常大的傳輸量時最常用且最簡單的技術之一。Memcached 等快取解決專案會將資料存放在記憶體裡面，而非磁碟之中，因為從記憶體讀取資料的速度快非常多。

快取通常被用來儲存資料庫查詢的回應。藉由分析資料庫的log，你可以找出耗費很長的時間執行、以及最常執行的資料庫查詢。使用快取之後，當你需要查看資料時，可以先看看它有沒有在快取裡面，如果有，就直接回傳它，否則可以做資料庫查詢來尋找結果，並且將它們存入快取，以供未來查詢，再將回應回傳給使用者。將結果存放在記憶體裡面可以明顯改善 app 的擴展性與效能。

當你製作快取時，要記得一件很重要的事情，就是在必要時讓快取失效。通常你要在對應的資料被更新時刪除快取。如果你可以容許資料延遲更新，或許可以讓快取自行過期。

雖然 API 使用的 app 級快取通常是與 web 伺服器一起實作的，但是把比較靠近最終使用者的結果快取起來有助於產生更高的傳輸量與效能，這種做法稱為邊界快取（*edge caching*）。

# 故事時間：Slack 的 Flannel——app 級的邊界快取

在 Slack 早期，Slack 用戶端使用的 API 設計與最終的設計
有很大的差異（見圖 6-3）。在那個環境之下，所謂的用戶
端就是用來顯示訊息和其他 Slack 功能的 app，包括 web 瀏
覽器與原生的桌機和行動 app。在 Slack 的主要使用者還是
小型團隊的時期，每一個用戶端在一開始都要先發出一個
API 請求來載入所有的東西，這種做法有助於一次顯示所有
的頻道、使用者與機器人。

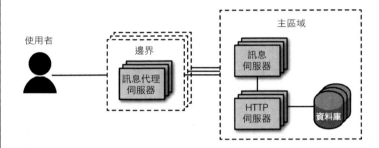

圖 6-3. Slack 提供 Flannel 前的結構

但是隨著團隊越來越大，請求 app 的整個狀態的速度變低
了，適合小團隊的做法並不適合大團隊，連接時間開始變
長，用戶端的記憶體佔用量變大，重新連接 Slack 太昂貴，
且大量的重新連接變得極耗資源。

因此，Slack 花好幾個月重新設計 API 給用戶端請求與管理
狀態。這個 API 稱為 *Flannel*。如圖 6-4 所示，Flannel 是
一種惰式載入的快取服務，它有一些查詢 API 可供用戶端按
需求抓取資料。用戶端以前要在一開始抓取整個 app 狀態，
使用 Flannel 後，它們只要請求建立合理的使用者介面（UI）
時需要用到的東西就可以了，之後可以發出後續的請求來更
新它們的本地狀態。

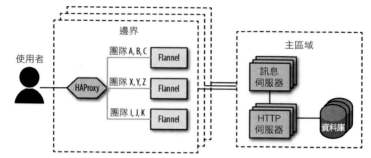

圖 6-4 Slack 的 Flannel 結構

整個 Slack 團隊花了好幾個月時間來完成這個新快取以擴展 API，但效果非常驚人，它讓中型團隊用戶端請求的初始資料大小減少 7 倍，大型團隊則是 44 倍。要進一步瞭解這個故事，可參考 Slack 工程部落格（*http://bit.ly/2w160iU*）。

## 以非同步的方式做昂貴的操作

如果你有一些 API 請求需要花很長的時間來執行，或許可以考慮在請求的外部（非同步地）執行昂貴的操作，藉此，你就可以用更快速的方式來提供回應給各個請求。

例如，如果你的系統可讓使用者儲存與搜尋檔案，有檔案被上傳時，你不需要在同一個請求將它加入搜尋索引，而是在執行離線工作時，以接近即時的非同步方式加入索引。

為了執行非同步操作，你可以使用各種雲端服務供應商提供的工作佇列服務，例如 Amazon 與 Google，你也可以使用開放原始碼的工作佇列，例如 Celery。

## 擴展傳輸量的最佳做法

以下是可以協助你的 app 擴展到高負載的最佳做法：

- 在開始做擴展所需的變動之前，先衡量並尋找瓶頸。在現代 app 中，資料庫是最常見的瓶頸。

- 不要太早優化。擴展優化通常需要付出代價，其中有些可能會增加你的 app 的開發時間。除非你有擴展方面的問題，否則不需要加入那些複雜性。
- 優先選擇橫向擴展而非直向擴展。
- 瞭解資料庫索引是解決資料庫查詢速度太低的最佳方式之一。
- 找出你經常使用的資料有哪些，把它快取。
- 當你加入快取時，別忘了加入讓快取資料失效的功能。
- 考慮以同步的方式執行代價高昂的操作。
- 不要寫出可能執行高昂操作的低效程式，例如在 for 迴圈裡面使用資料庫查詢來做單一 API 請求。

# 發展你的 API 設計

在真實世界中，最初的 API 設計可能無法隨著使用者的成長或 API 採用數量的增加而擴展。為了深入瞭解可能出現的瓶頸並且減少 API 呼叫的數量，你必須找出開發者使用 API 的主因，以及問題所在。開發者是因為你不知道的原因而使用 API 嗎？輪詢會是個問題嗎？API 會回傳太多資料嗎？雖然世上沒有特效藥可以解決所有的擴展問題，但你可以考慮下列的解決方案。

---

### 專家說

與你的使用者一起成長和工作。與你的開發者 / 使用者保持良好且開放的溝通管道。取得他們的回饋並優化 API 來解決他們的主要痛點。

—Ido Green，Google 的開發技術推廣工程師

---

# 引入新的資料存取模式

隨著你的 API 越來越受歡迎，你的開發者可能會用你想像不到的方式使用它。為了應付擴展這個難題，你或許可以考慮另一種分享資料的方案。我們來看看這四間公司為了進行擴展而對 API 的設計執行的重大修改：Zapier、Twitter、GitHub 與 Slack。

如果輪詢是你擴展 API 的問題之一，而且你只有 REST API，你應該研究一下 WebSocket 與 WebHook 之類的選項，讓開發者不需要輪詢變動，而是即時等待新資料的傳遞。有一項 2013 年 的 Zapier 研 究（*https://zapier.com/engineering/introducing-resthooksorg/*）發現，只有大約 1.5% 的輪詢 API 呼叫會回傳新的資料，他們估計使用 WebHook 可讓伺服器的負擔減少 66 倍。

以前 Twitter app 只能藉由頻繁地輪詢 Twitter API 以接近即時的方式來接收新的推文，這種做法會對 REST API 造成越多越多的流量，因而增加擴展的困難度。為了解決這個問題，Twitter 加入一個串流 API 來傳遞新資料並減少輪詢，現在開發者可以使用串流 API 來訂閱他們選擇的關鍵字或使用者，也可以透過長期的連結來接收新推文。

以前 GitHub 發現它的回應傳送太多資料，因而太肥大了一但是就算負載這麼大，裡面仍然沒有開發者需要的所有資料，開發者必須發出許多單獨的呼叫來組合完整的資源。為了處理這些擴展問題，GitHub 推出了 GraphQL API（*https://githubengineering.com/the-github-graphqlapi/*）。GraphQL 推出之後，開發者可以用單一 API 呼叫來批次處理多個 API 呼叫，並且只抓取他們需要的項目。這有助於減少 GitHub 接收的 API 呼叫數量，並且減少計算開發者不需要的欄位。

Slack 最初使用 Real-Time Messaging（RTM）API，它可讓開發者建立 app 與機器人，可即時回應 Slack 的活動。這個 API 透過 WebSocket 從 Slack 傳遞事件。隨著時間的推移，Slack 發現儘管 RTM API 很適合它自己的用戶端，但它提供太多開發者難以處理的資料了，此外，對 Slack 與開發者來說，它也難以擴展。

擁有許多使用者的開發者必須處理許多同時出現的 HTTP 連結，
每位使用者至少一個。 Slack 也必須管理數量與 API 提供者一樣
多的連結。在 2016 年，為了處理這些問題，Slack 引入 Events
API（圖 6-5），它以 WebHook 為基礎，可讓開發者透過 HTTP
建立機器人。開發者可以使用 Events API 來訂閱他們關心的事件
（透過 HTTP 傳遞），而不用接收含有所有事件的、永無止盡的
資料串流，或是持續地輪詢 Slack 的 RPC API。這可協助 Slack
與 app 開發者雙方更好地進行擴展。

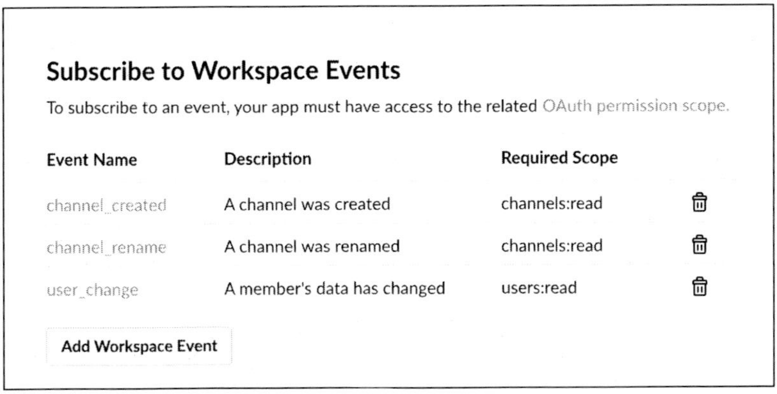

**Subscribe to Workspace Events**

To subscribe to an event, your app must have access to the related OAuth permission scope.

| Event Name | Description | Required Scope | |
| --- | --- | --- | --- |
| channel_created | A channel was created | channels:read | 🗑 |
| channel_rename | A channel was renamed | channels:read | 🗑 |
| user_change | A member's data has changed | users:read | 🗑 |

Add Workspace Event

圖 6-5 Slack 的 WebHook 式事件訂閱介面

# 加入新的 API 方法

另一種處理擴展性與效能問題的做法是加入新的 API 方法。如
果你有一些代價高昂的 API，你應該要更深入瞭解它們的使用案
例。有時開發者可能只需要 API 回應中的少量資料，或者，如同
我們剛才看過的 GitHub 案例，開發者可能要辛勤地組合資料，
因為他們無法用既有的 API 輕鬆地取得它。如果開發者只會遇到
"取得所有的東西" 或 "得不到任何東西" 這兩種情況，他們最
終可能會收到完整的回應，卻用不到大部分的負載，他們不需要
的資料很有可能讓你付出昂貴的計算成本。當你的 API 開始被使
用之後，你就很難改變或移除它們了，但是加入新方法很簡單，
你可以用新方法傳遞開發者需要的資料，同時解決既有 API 的效
能與擴展問題。

Slack 隨著時間的推移加入許多新的 API 來處理擴展難題。Slack 最受歡迎的 API 方法之一 rtm.start 已經變得非常高昂了，這個方法會啟動一個 RTM session 並回傳關於團隊、它的頻道以及它的成員等各種資料。這個 API 方法最初是為小型團隊設計的，它會回傳完整的 app 狀態，以及 WebSocket 連結的 session URL。隨著團隊的成長，這個負載變得笨重且龐大，最高可達幾個 megabytes，對開發者來說處理的成本太高了。儘管仍然有少數的開發者會使用這個方法回傳的資料，但大部分的開發者都只想要連接 WebSocket。因此，Slack 加入一個新的 API 方法 rtm.connect，它只會回傳一個 RTM WebSocket API session URL，而不會在負載中回傳任何其他資料，這個新方法協助 app 開發者與 Slack 克服了 rtm.start 的一些擴展問題。

Slack 也推出一種新的 Conversations API 來處理效能與擴展問題以及各種開發者痛點。之前開發者必須使用來自多個 "家族樹" 的各種方法來完成同一件事，依他們正在處理的頻道種類而定。例如，要列出私用頻道，開發者要使用 groups.list，列出公用頻導則使用 channels.list，這讓開發者需要協調許多不同的物件，這些物件的核心都是同一種時間軸訊息容器。Conversations API（圖 6-6）為這些負載帶來一致性，並改善各種效能，讓開發者可以擴展他們的 app。所有會回傳一系列大型物件的 API 端點都會被分頁。Slack 也停止在負載中回傳大型的嵌套狀串列，並建立獨立的端點以供抓取額外的資訊。例如，有一種新的 API 端點，conversations.members，可回傳對話中的成員分頁串列。除了讓 Slack 的 app 基礎結構具備更大的擴展性之外，這些新的 API 也讓第三方開發者更輕鬆。Slack 的開發者說，因為這個新的變動，他們移除了好幾行的程式（*https://blog.frame.ai/migrating-to-the-slack-conversationsapi-89692b016eea*）。

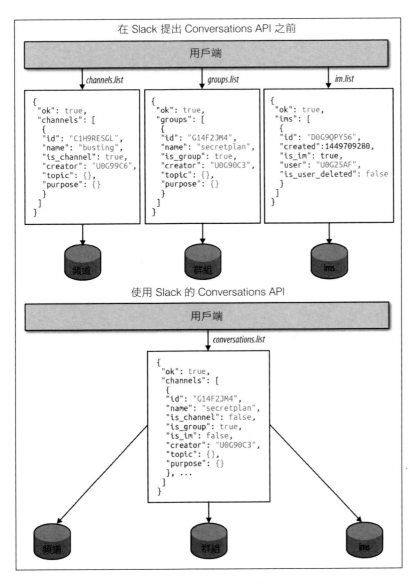

圖 6-6 Slack 的 Conversations API 將多個端點合併成一個

另一個 Conversations API 協助開發者完成的使用案例就是：尋找有某位使用者參與其中的對話。原本為了做這件事，開發者必須發出多個請求來查詢各個對話的成員，接著篩選有特定使用者的對話。Slack 發表稱為 `users.conversations` 的 API 來減少開發者必須發出的呼叫數量，開發者只要對新的 users.conversations API 方法發出一個請求，最多可以獲得 1,000 個某位使用者參與的對話。在以前，這可能需要發出 1,001 次 API 呼叫。

## 支援大量的端點

有時開發者需要對多個項目做相同的操作，例如查看或更新多位使用者，這通常需要執行多個 API 呼叫。提供大量端點讓開發者以更少的 API 呼叫來執行這種操作可協助擴展。大量的端點可提供更高的效率，因為它們需要的 HTTP 往返比較少，甚至可以協助減少資料庫的負擔。

我們來看一下另一個 Slack 的案例。為了邀請多位使用者前往一個 Slack 頻道，開發者必須為每位使用者呼叫一次 channels.invite API 方法。於是 Slack 加入一項支援，讓開發者可以用單一 API 呼叫來邀請多位使用者（範例 6-1），因而節省 Slack 與開發者的成本。有一些 API 提供者，例如 Zendesk 與 Salesforce，都支援大量操作端點以及批次處理請求。

範例 6-1 *Slack* 的 *Conversations API* 支援大量操作

```
POST /api/conversations.invite
HOST slack.com
Content-Type: application/json
Authorization:Bearer xoxp-165018607-jqf4sbdaq2a
{
 "channel":"C0GEV71UG",
 "users":["W1234567890","U2345678901", "U3456789012"]
}
```

## 加入新選項來過濾結果

當你的 API 開始會回傳許多物件時，你可以考慮提供可供過濾結果的選項，讓開發者將回傳的物件限制為他們實際需要的數量，並且讓你的 API 更具擴展性。不同的 API 需要不同的過濾器，依它們的用途而定，以下是常用的過濾器：

搜尋過濾器

使用搜尋過濾器時，開發者可以使用類似的單字、REGEX 或匹配字串來具體請求他們想要的結果。如果不使用這種過濾器，開發者可能要請求與解析超出他們需求的大量結果。

日期過濾器

開發者通常只需要取得 API 上次回傳結果給他們之後的新結果。藉由提供日期過濾器，你可以只回傳指定時戳之前或之後的結果。Twitter 時間軸、Facebook News Feed 以及 Slack 訊息歷史 API 都提供這種過濾器。

訂單過濾器

訂單過濾器（order filter）可讓開發者用指定的屬性來訂閱一組結果，可以減少開發者需要請求與處理的結果數量。Amazon Product Advertising API 可讓人用熱門程度、價格與條件來進行排序。

指定回傳（或不回傳）哪些欄位的選項

在你的 API 回應裡面可能有一些欄位的計算成本比其他欄位高非常多，使用者不需要的欄位也有可能明顯增加回應的負載大小。API 提供者應經常提供選項讓開發者納入或排除某些欄位，例如，Twitter 時間軸 API 提供排除使用者物件以及不回傳推文的過濾器。

---

## 專家說

我們藉由研發 API 的設計來協助 Facebook 與 app 開發者進行擴展。之前，app 開發者必須在他們的行動 app 裡面納入完整的 Facebook SDK。我們最近更新了行動 SDK，讓開發者可以選擇只安裝其中的某些部分。如果開發者不需要完整的 Android SDK 的功能，他們可以只用必須的 SDK 來支援 Facebook 產品以節省空間。

—Desiree Motamedi Ward，Facebook 的開發者產品行銷主管

---

# 發展 API 設計的最佳做法

以下有四種發展 API 設計的最佳做法可以協助你進行擴展：

- 當你持續發展 API 時，絕對不要引入會讓開發者震驚的破壞性變動。
- 分析 API 的使用情況與模式來找出應該優化的地方。
- 諮詢你的開發者與夥伴可以讓你深入瞭解問題與找出可行的解決專案。
- 在推出新的 API 模式給所有人使用之前，讓少量的開發者與夥伴先試用它們，如此一來，你就可以在公開發表之前，先根據他們的回饋來反覆進行設計。

# 將 API 分頁

除了擴展傳輸量與發展 API 設計之外，將 API 分頁也可以協助擴展。通常 API 需要處理大量的資料集，單次的 API 呼叫可能會造成上千個項目的回傳，回傳太多項目可能會讓 web app 的後端超載，甚至讓無法處理大型資料集的用戶端變慢。因此，將大型結果集合分頁非常重要，這種做法可將一長串的資料分成較小的區段，最大限度地減少請求的回應時間，並且讓使用者更容易處理回應。

這一節將要討論一些分頁 API 的技術。

## 偏移值分頁法

使用限制值與偏移值通常是最簡單的分頁法，也是最多人使用的分頁技術。

使用這種分頁法時，用戶端要提供頁面的大小，指定最多想要回傳多少項目，以及一個頁數，指出項目串列的開始位置，讓伺服器（在 SQL 資料庫中儲存資料）根據這些值輕鬆地建構查詢來抓取結果。例如，要抓取每頁大小為 10 的第 5 頁，我們應該載入第 40 個項目之後的 10 個項目（跳過大小為 10 的前 4 頁），其對應的 SQL 查詢是：

```
SELECT * FROM `items`
ORDER BY `id` asc
LIMIT 10 OFFSET 40;
```

許多 API 都支援這種分頁法，例如 GitHub 的 API。用戶端只要在 URL 裡面指定 page 與 per_page 參數來發出請求就可以了，例如：

```
https://api.github.com/user/repos?page=5&per_page=10
```

### 優點與缺點

偏移值分頁法非常容易實作，對用戶端與伺服器來說都是如此。它也有使用者體驗方面的優勢，可讓使用者直接跳到任何一個頁面，而不需要被迫經過所有內容（圖 6-7）。

圖 6-7 在 UI 中分頁連結

但是這項技術有一些缺點：

- 處理大型的資料集很沒有效率。使用大的偏移值來做 SQL 查詢的成本非常高昂，資料庫必須計算並跳過偏移值之前的資料列才能回傳所需的項目集合。
- 如果項目串列經常變動，這種做法的可靠性不高。在用戶端正在對結果進行分頁時加入新項目可能會讓用戶端顯示同一個項目兩次。類似的情況，刪除項目時，用戶端可能會在邊界跳過它。
- 在離散系統中，偏移值分頁法可能很難做好。處理大的偏移值時，你可能要掃描許多分片才可以取得所需的項目集合。

話雖如此，偏移值分頁法在分頁深度有限且用戶端可以容忍重複或遺漏的項目時仍然是很好的選擇。

# 資料指標分頁法

為了處理偏移值分頁法的問題，許多 API 採用所謂的資料指標分頁法。使用這項技術時，用戶端會先傳送一個請求並且只傳送所需的項目數量，伺服器會回傳用戶端要求的數量的項目（或可支援的或可提供的最大項目數量），以及下一個資料指標。在後續的請求中，用戶端要傳遞項目的數量以及這個指標，用這個指標來指定下一組項目的開始位置。

資料指標分頁法與偏移值分頁法的做法沒有太大的差異，但是它的效率好很多，使用 SQL 資料庫來儲存資料的系統可以根據資料指標值來建立查詢並取得結果。

如果有個伺服器用資料指標來回傳上一筆紀錄的 Unix 時戳，為了抓取比那個資料指標舊的結果頁面，伺服器可以建構這種 SQL 查詢：

```
SELECT * FROM items
WHERE created_at < 1507876861
ORDER BY created_at
LIMIT 10;
```

在上面的範例中，讓 created_at 欄位使用索引可以讓查詢更快。

有些現代的 API，包括 Slack、Stripe、Twitter 與 Facebook 的 API，都提供資料指標分頁法。我們來看一下 Twitter API 如何使用資料指標分頁法。

考慮這個情況：有位開發者想要取得某位使用者的追隨者的 ID 串列。為了取得第一頁的結果，開發者發出一個 API 請求：

```
GET https://api.twitter.com/1.1/followers/ids.json?screen_name=
    saurabhsahni&count=50
```

Twitter API 回傳下列的回應：

```
{
    "ids": [
        385752029,
        602890434,
        ...
        333181469,
        333165023
```

```
        ],
        ...

        "next_cursor":1374004777531007833,
    }
```

接下來開發者可以使用 next_cursor 的值,以下列的請求來取得
下一頁的結果:

```
GET https://api.twitter.com/1.1/followers/ids.json?user_id=12345
        &count=50&cursor=1374004777531007833
```

開發者可以發出後續的請求來取得接下來的分頁,最後他們會收
到一個 "next_cursor" 為 0 的回應,代表整個分頁結果的結束。

## 優點與缺點

資料指標分頁法可以解決偏移值分頁法的兩個問題:

效能

   資料指標分頁法的主要優點之一就是效能。如果你幫資料指
   標使用的欄位設置索引的話,即使是需要掃描大型資料表的
   查詢指令都有很快的執行速度。

一致性

   項目的加入或移除不會影響分頁的結果。在分頁結果時,伺
   服器只會回傳每一個項目一次。

資料指標分頁法很適合大型與動態的資料集,但是它也有一些缺
點:

* 用戶端無法跳到指定的頁面,他們必須逐頁遍歷整個結果
  集合。
* 結果必須用唯一且循序的資料庫欄位來排序,讓資料指標
  使用。你無法隨便將紀錄加入串列的某個位置。
* 實作資料指標分頁法比偏移值分頁法複雜一些,尤其是用
  戶端。用戶端通常需要儲存資料指標值,以便在後續的請
  求中使用它。

### 選擇資料指標的內容

可當成資料指標來使用的選項包括：

將 ID 當成指標值：

API 提供者通常選擇一個唯一的 ID 作為指標值。例如，
Twitter 時間軸 API 提供推文 ID 作為指標值。為了抓取時間
軸上較舊的推特，開發者可以將之前收到的第一組結果的最
低 ID 傳給 max_id 參數，接著伺服器只會回傳 ID 小於或等
於 max_id 參數的推文。

時戳

當 API 回傳與時間有關的資料時（例如新聞源），經常將時
戳當成指標值。Facebook API 提供了 until 與 since 參數，
它們可接收 Unix 時戳。當你將時戳傳入 since 請求參數時，
Facebook API 只會回傳比指定的時戳還要新的項目。

不透明的字串

API 提供者越來越喜歡使用不透明的字串作為資料指標了。
雖然它們看起來就像隨機的字元組合，但它們通常是被編碼
過的值。使用不透明字串的主要優點是你可以在單一資料指
標裡面編碼額外的資訊。大型的 app 可以將資料庫分片的 ID
或 ID 與指標的組合編碼到這些資料指標值裡面。各種 API
的現代版本，包括 Slack、Facebook、GitHub 與 Twitter，都
使用不透明的字串作為資料指標。

**專家提示**

資料指標分頁法最適合高流量的 app（用戶
端需要掃瞄大型的資料集）。

## 分頁的最佳做法

以下是你為 API 設計分頁時應該牢記在心的最佳做法：

- 在實作分頁時，別忘了為頁面大小設定合理的預設與最大值。
- 如果用戶端會使用大的偏移值來執行查詢，就不要使用偏移值分頁法。
- 在分頁時排序資料，先回傳較新的項目再回傳較舊的項目有時比較好，如此一來，當用戶端只想要取得新項目時，就不需要分頁到最後了。
- 如果你的 API 現在不支援分頁，當你之後加入它時，也要維持回溯相容性。第 7 章會進一步說明回溯相容性。
- 在實作分頁時，請回傳指向後續分頁結果中下一個頁面 URL，並用空的或 null 的下個頁面值來代表這一系列分頁的結束。藉著鼓勵用戶端遵循下一頁的 URL，經過一段時間後，你就可以避免在更改分頁策略時破壞用戶端的程式。
- 不要在資料指標裡面編碼任何敏感資訊。用戶端通常可以解碼它們。

# 限制速率的 API

API 提供者通常會在吃盡苦頭之後才發現需要限制 API 速率。當 API 越來越受歡迎，突然出現大量的流量，可能影響 app 的可用性時，API 開發者就要開始研究速率限制選項了。做速率限制的理由主要有兩個：

為了保護基礎架構，同時增加 app 的可靠性與可用性

你不希望因為一位行為不當的開發者或使用者採取阻斷服務（DoS）攻擊來破壞你的 app。

為了保護你的產品

你希望避免產品被亂用，例如大規模註冊使用者，或建立大量垃圾郵件內容。

速率限制可協助處理流量或垃圾郵件，讓你的 app 更可靠。藉由保護你的基礎結構與產品，速率限制也可以保護開發者。如果有人透過 API 癱瘓整個系統，那就沒有任何一個人可以使用那個 API 或資料了，所以，我們來深入瞭解什麼是速率限制，以及如何為你的 API 實作它。

# 什麼是速率限制？

速率限制系統控制的是網路介面傳送與接收流量的速率，對 web API 而言，速率是一個 app 或用戶端可以在一段時間內呼叫一個 API 的次數，系統會將流量限制為特定的速率，超過那個速率的流量可能會被拒絕。例如，GitHub 的 API 每小時可讓開發者發出多達 5,000 次請求。

當你想要限制一個 API 的速率時，首先要擬定一個策略。除了保護基礎結構與產品之外，良好的速率限制策略有以下的特徵：

- 容易瞭解、解釋與使用
- 確保開發者在處理所需的使用案例時不會被限制速率

以下是在開發你的速率限制策略時應考慮的事項：

小範圍的速率限制 vs. 整體速率限制

> 許多 API 都選擇讓所有 API 端點使用單一的 API 速率限制，這對你和開發者來說都很容易實作，但是如果你有一些 API 端點使用的資源明顯比其他的多，或許要為各個端點定義不同的速率限制。這種小範圍的速率限制可以保護你的基礎結構免於被一個高昂的 API 端點不合理峰值影響。Twitter API 為每個 API 端點定義一個速率限制，但 GitHub 與 Facebook 則是定義一個整體的 API 速率限制。

測量每個使用者、app 或用戶端 IP 的流量

> 通常被限制速率的實體都會使用 API 要求使用的身分驗證法，需要做使用者身分驗證的 API 通常會對每位使用者採取不同的速率限制，而需要做 app 身分驗證的 API 通常會根據 app 的不同來做速率限制。對於未經過身分驗證的 API 呼叫，API 提供者通常會根據 IP 位址來限制速率。對於通過身分驗證的 API 呼叫，GitHub、Facebook、Twitter 與 Slack 的 API 會根據使用者的不同而採取不同的速率限制。

### 支援 / 不支援偶發的流量爆增

有些 API，尤其是企業開發者使用的，都支援流量爆增狀況，讓遇到流量激增的開發者 app 可以繼續正常地使用 API。如果你選擇支援偶發的流量爆增，或許可以使用代幣桶（token bucket）演算法來限制速率。在下一節，我們將討論這種和其他的演算法。

### 允許例外

你不一定要對著所有的開發者執行同一種速率限制策略或同一組速率限制（或配額），有時你信任的開發者或夥伴需要更高的速率限制，當他們要求額外的配額時，你隨時可以為他們大開方便之門。話雖如此，在你開放例外之前，或許應該：

- 確保開發者的使用案例是有效的而且對顧客有利的。
- 確定他們的確無法以更好的方式用既有的 API 和限制得到相同的結果。
- 驗證你的基礎結構是否支援他們要求的速率限制。

---

## 專家說

讓外部開發者使用的 API 都要仔細考慮可用性、可靠性與安全性。在 Stripe 的案例中更是如此，付款架構是顧客的生意命脈，你不應該讓不良的操作者不小心或故意影響它的可用性。

我們用一些速率限制策略（*https://stripe.com/blog/rate-limiters*）來將關鍵請求的優先順序設在非關鍵流量之前，讓所有人都可以持續使用我們的 API。

　—Romain Huet，Stripe 的開發技術推廣部主管

---

確保 API 被合理使用的另一種做法是使用服務條款（ToS）協定文件，用這些文件詳細說明開發者如何使用你的 API，包括速率限制。如果開發者在使用你的 API 時使用的速率比 Tos 指定的還要高，他們的 API 權杖可能會失效，或是被你採取的行動約束。

 我們會在第 9 章更詳細地說明 ToS。

## 實作各種策略

當你建構速率限制系統時，應確定它不會減緩 API 的反應時間。為了確保高效能與橫向擴展的能力，大部分的 API 服務在實作速率限制時都會在記憶體中儲存資料，例如 Redis 與 Memcached。Redis 與 Memcached 都提供快速的讀取與寫入，API 提供者通常會使用它們來追蹤限制速率時收到的 API 請求數量。

以下是實作速率限制常見的演算法：

- 代幣桶
- 固定窗口計數
- 滑動窗口計數

### 代幣桶

代幣桶演算法可讓你維持穩定的流量速率上限，同時允許偶發的流量爆增。我們用一個容量有限的桶子（圖 6-8），以固定的速率將代幣放入桶子來解釋這個演算法。你不能無限制地放入代幣，如果桶子在你放入代幣時已經滿了，那枚代幣就會被捨棄。例子中的每一個請求都會要求將 $n$ 枚代幣移出桶子，如果桶子內的代幣少於 $n$ 枚，那個請求就會被拒絕。

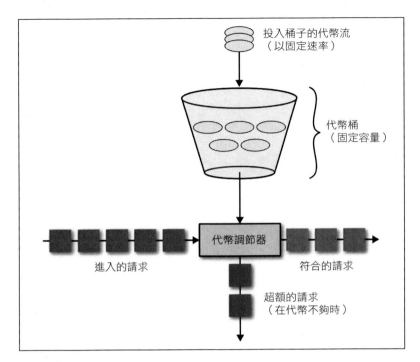

投入桶子的代幣流
（以固定速率）

代幣桶
（固定容量）

代幣調節器

進入的請求　　　　　　　符合的請求

超額的請求
（在代幣不夠時）

圖 6-8　代幣桶演算法

使用記憶體中的鍵／值資料存放區來實作這個演算法很簡單。
假設你想要將 API 請求的速率限制為每位使用者每分鐘 20 個請
求，同時允許偶發的流量爆增，最多 50 個請求。以下是可採取
的鍵／值資料存放區做法：

- 當使用者發出第一個請求時，初始化一個容量為 50 個代幣
  的桶子，在資料存放區中儲存請求時戳與這個代幣數量，
  並且以使用者的代碼為鍵。
- 在後續的請求，根據預先定義的固定速率以及從上次請求
  之後經過的時間將新的代幣放入桶子。
- 接著，從桶子移除一個代幣，並將時戳更新為目前的時戳。
- 最後，如果可用的代幣數量降為零，就拒絕該請求。

代幣桶演算法很容易實作，也有取多 API 提供者使用它，包括 Slack、Stripe 與 Heroku。如果你想要寬鬆地處理 "爆發" 流量，這是很好的選項。圖 6-9 說明代幣桶演算法如何在實務上限制流量速率。

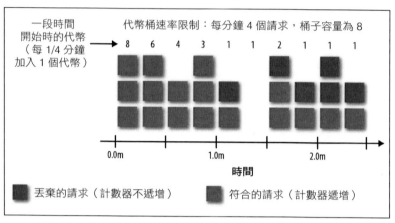

圖 6-9 實務上的代幣桶速率限制

## 固定窗口計數

固定窗口計數演算法允許固定數量的請求在指定的一段時間內通過系統。你可以使用記憶體中的鍵／值資料存放區來實作固定窗口。以下的做法可將每位使用者的速率限制為每分鐘 20 個請求：

- 在第一個請求送達時，將代表使用者的鍵的請求數量存為 1，並儲存進位為目前的分鐘值的時戳。這個鍵會在目前的這一分鐘結束之後過期。

- 收到每一個後續的請求時，都將上述的請求計數值加一。

- 如果請求計數值超過速率限制，就拒絕該請求。

雖然這種演算法很容易製作，但它在一分鐘的窗口內允許的請求數量最多是指定數量的兩倍。例如，如果用戶端在 11:01:40 a.m. 有 20 個請求，他可以在 11:02:05 做另外 20 個請求。圖 6-10 說明在速率限制被定義成每分鐘 4 個請求時，固定窗口計數演算法如何在 1.5 分鐘與 2.5 分鐘窗口標記之間允許 6 次請求的成功。

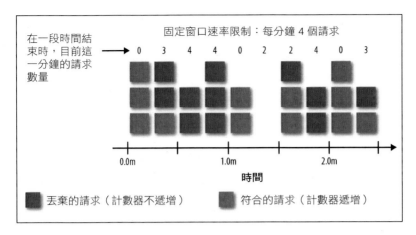

圖 6-10 在實際的情況下限制速率的固定窗口計數法

如果 API 可以容忍這種流量爆增，就很適合使用固定窗口計數演算法。Twitter 等 API 提供者使用這種演算法。

## 滑動窗口計數法

顧名思義，滑動窗口計數演算法可讓你在一個時間滑動窗口中追蹤流量，確保 API 可以拒絕代幣桶與固定窗口計數演算法可允許的 "爆發" 流量。

若要實作滑動窗口演算法，單單遞增一個計數器是不夠的，我們必須將速率限制窗口分成各個時間桶。例如，要實作每分鐘 20 個請求的限制，我們要將 1 分鐘窗口分成 60 個桶子，並且讓每一秒使用一個計數器，這些桶子會在 1 分鐘後直接過期。收到請求時，我們要加總這些計數器在上一分鐘紀錄的數字，如果總數超出速限，我們就拒絕那個請求。如果你想要實作寬鬆的滑動窗口，可以加總後 59 個桶子再決定是否接受當前的請求。圖 6-11 是滑動窗口計數演算法在實務上拒絕爆發流量的情況。

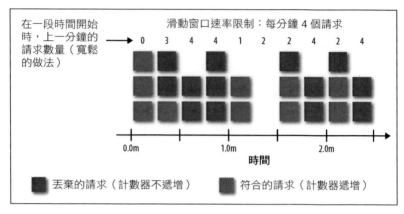

圖 6-11 實務上的滑動窗口計數法速率限制

Instagram 使用滑動窗口計數演算法來限制它的 API 的速率。滑動窗口計數法很適合在你想要確保每位 API 的使用者都維持穩定的流量時使用。

**專家提示**

在啟動新的速率限制策略或演算法之前，請執行暗啟動（*dark launch*）來瞭解它會阻擋多少流量與哪些流量，你要用 log 來分析有多少請求被拒絕，而不要實際拒絕任何請求。你可能會在知道它們產生的影響之後調整門檻值。

---

### 專家說

所有的 Uber 開發者都必須建立帳號並且在我們這裡註冊。開發者可以自行建立產品呼叫（production calls），向他們自己的帳號與其他已註冊的開發者帳號叫車（即，請求真正的 Uber 來接他們），但是他們必須提出擴展權限的申請才可以用別的使用者的名義來發出這種呼叫。每位開發者都會被自動限速，我們建議開發者與我們聯繫，清楚且透明地說明為何他們需要額外的 API 配額。當我們看到開發者的 API

鍵出現流量高峰時，我們會聯繫他，瞭解究竟發生了什麼事，根據流量的性質與數量，我們可能不會馬上限制它們，以待接收更多的資訊。

我們也用通俗易懂的語言讓開發者瞭解服務條款，並且在發現開發者違反它們時強制執行法律手段。我們通常只會簡單地聯繫開發者，讓他們知道自己正在用不好的方式使用 API—我們會與他們合作來讓他們遵守條款。有時開發者不在乎這些條款，甚至與 Uber Legal 協商並收到警告之後仍然濫用 API，在這些罕見且不幸的情況下，我們會撤銷他們的 API 使用權。

—Chris Messina，Uber 的開發者體驗主管

# 速率限制與開發者

速率限制是開發者最討厭的事情之一。通常速率限制會迫使開發者編寫額外的程式碼，或是讓他們搞不懂為何請求被拒絕了。當你實作速率限制系統時，可能要做一些額外的事情來減輕開發者的負擔，我們來看一下有哪些事情。

## 回傳適當的 HTTP 狀態碼

當開發者到達你的速率限制時，你要藉由回傳 HTTP 429 狀態碼來拒絕請求，如範例 6-2 所示，以指明使用者在指定的時間內傳送太多請求了。設定 retry-after 標頭來讓開發者以程式重試請求也是一種標準的做法。

範例 6-2 這個 Slack API 在到達速率限制時回傳 429 與 retry-after 標頭

```
$ curl -I https://slack.com/api/rtm.connect
HTTP/2 429
Date:Sun, 17 Jun 2018 14:43:38 GMT
retry-after:36
```

## 速率限制自訂回應標頭

除了狀態碼之外，你也要加入自訂的回應標頭來解釋速率限制。這些標頭可以協助開發者以程式來決定何時該重試 API 呼叫。以下是一些常用的自訂標頭：

X-RateLimit-Limit

開發者在一段指定的時間之內可以呼叫這個端點的最大速率。

X-RateLimit-Remaining

在現在的這段時間中，開發者可用的請求數量。如果你使用代幣桶演算法，可用它來指出在桶子中還有多少代幣數量。

X-RateLimit-Reset

目前的速率限制窗口重設的時間，以 UTC epoch 秒數表示。範例 6-3 是做 Git-Hub API 呼叫時可以看到的速率限制標頭範例。

範例 6-3　當速率限制到達時，*GitHub API* 的回傳速率限制標頭

```
$ curl -I https://api.github.com/users/saurabhsahni

HTTP/1.1 200 OK
Date:Sat, 11 Nov 2017 04:37:22 GMT
Status:200 OK
X-RateLimit-Limit:60
X-RateLimit-Remaining:59
X-RateLimit-Reset:1510378642
```

## 速率限制狀態 API

當你讓不同的 API 端點使用不同的速率限制時，開發者可能希望有個 API 可以查詢各個 API 端點的速率限制狀態，如此一來，他們就可以用程式追蹤各個端點的可用請求了。

## 記載速錄限制

開發者必須在使用 API 時注意他們的速率限制。藉由記載速率限制值，你可以協助開發者選擇正確的結構。大部分受歡迎的 API 都明確地記載速率限制，藉此，開發者可以在實際遇到速率限制

問題之前知道它們。除了速率限制值之外，你也可以考慮寫下最佳做法來讓開發者遵循，以避免超過速率限制。

---

### 專家說

GitHub REST API 每小時的速率限制可達 5,000 次呼叫（通過身分驗證的），但是這些呼叫可能會同時出現。我們在 Chrome 的擴展或整合者的腳本比較混亂的時候看過很多次這種情況。對已驗證的使用者執行速率限制只是保護 app 的整體系統的一小部分。我們現在已經限制每個服務速率以避免飽合，並使用內容建立回退（back-off）機制以避免在短時間內產生太多問題，我們也採取一些其他的濫用防止機制，以避免在幾秒鐘的窗口內回應更多的 API 請求。

如果我們要做速率限制，應該要選擇比較小的速率限制窗口給大眾使用，就像 Twitter 一樣：每 10 分鐘取得 250 次呼叫。

—Kyle Daigle，GitHub 的生態工程總監

---

## 限制速率的最佳做法

以下是為 API 加入速率限制時應考慮的最佳做法：

- 根據你想要支援的流量模式來選擇速率限制演算法。付費服務通常會從寬處理流量爆增的情況，所以選擇代幣桶演算法，其他的服務通常選擇固定窗口或滑動窗口。
- 選擇速率限制門檻，讓常見的 API 使用案例不會被限制速率。
- 提供明確的指南讓外部開發者知道你的速率限制門檻，以及他們如何請求額外的配額。
- 在授予額外的權利給開發者之前，你應該瞭解為何他們需要超過速率限制、他們的使用案例是什麼，以及目前的使用模式是什麼。如果你的基礎結構可以支援額外的份額，而且有更好的方式可以產生相同的結果，你或許可以考慮為他們開放例外。

- 從較低的速率限制門檻開始做起比較好，增加速率限制門檻比減少它們容易，因為減少它們會對使用中的開發者 app 造成負面影響。

- 在你的用戶端 SDK 中實作指數型回退機制，並提供範例程式讓開發者知道怎麼做這件事，如此一來，開發者就比較不會在他們被限制速率時不斷接觸你的 API。要瞭解進一步資訊，請參考第 114 頁的「錯誤處理與指數型回退機制」。

- 發生事故時，你可以在服務中斷期間使用速率限制來嚴格限制不重要的流量，以減少負面影響。

---

## 來自 Slack 的速率限制的教訓

Slack 在 2018 年 3 月推出了一個進化過的速率限制系統。在那之前，Slack API 方法的速率限制相當不明確，通常也沒有被強制執行。由於沒有文件說明速率限制，使用 Slack API 建構 app 的開發者通常以為他們不會被限制速率。但是，當它們的 app 被大型企業客戶安裝時，這個假設就幻滅了。

為了加入新的速率限制門檻，Slack 分析了各個 API 的使用案例，並定義了一些門檻來確保最常見的使用案例不會被限制速率，可以被應用程式完成。在推出新的速率限制門檻之前，團隊啟動暗測試來找出哪些 app 在新系統中會被限制速率。Slack 為某些情況調整了速率限制門檻，但有些其他的情況顯然是因為開發者的實作效率不高造成的。

Slack 團隊可以在沒有任何警告的情況下推出新的速率限制門檻，但是團隊成員認為，對因為新的門檻而被限制速率的開發者來說，這可能是破壞性變動，為了確保那些開發者與顧客有最佳體驗，他們給予那些 app 一個短暫的寬限期來調整他們的實作。他們將新策略寫入文件，以策略協助開發者在建構他們的 app 時做出更好的結構性決策，並且降低在產品中因為速率限制而產生的意外。

—Saurabh Sahni，Slack 的主管工程師

---

# 開發者 SDK

開發者軟體開發套件（SDK）是一組可讓開發者在特定平台上
建構 app 的工具。藉由提供 SDK，你不但可以簡化所需的整合
工作，也可以協助開發者在使用 API 時採取最佳做法。當開發者
可以採取最佳做法時，反過來就可以為 API 建立更好的使用模
式，協助你擴展 API。

關於 SDK 的更多資訊，請見第 9 章。

下面的小節說明你在建立 SDK 以協助擴展 API 時應考慮的事
項。

## 支援速率限制

開發者並不想要編寫額外的程式來處理你的速率限制，因此，當
你提供 SDK 時，應確保他們與你的速率限制可以良好地搭配。
你的 SDK 程式應該解析 API 回應回傳的速率限制標頭，並且在
必要時降低請求速率。你的 SDK 也要優雅地處理 429 錯誤，並
且只在速率限制標頭指定的時間過後再重試。

## 支援分頁

取得分布在各個頁面的結果通常不太容易，當你用迴圈來請求多
個頁面時，非常容易達到速率限制。藉著讓開發者使用你的分頁
API，你可以確保速率限制與錯誤都可被優雅地處理，同時，你
或許也要提供可以抓取多少頁面的頁數上限。

## 使用 gzip

在你的 SDK 裡面使用 gzip 壓縮可以簡單且有效地減少各個 API
呼叫所需的頻寬。雖然壓縮與解壓縮會使用額外的 CPU 資源，
但是為了減少網路成本，這個代價非常划算。

# 快取常用的資料

你可以讓開發者在本地快取中儲存 API 資源或常用的資料，以協助減少你收到的 API 呼叫數量。如果你擔心用戶端儲存的資料，或想要執行某種策略，可以讓快取在幾個小時內自動過期。

# 錯誤處理與指數型回退機制

開發者通常不會妥善地處理錯誤。開發者很難在開發期間重現所有可能的錯誤，這也是他們不太能夠用程式來優雅地處理錯誤的原因。

當你建構 SDK 時，你可以實作本地的檢查程式，來回傳無效請求造成的錯誤。例如，你的 SDK 可以在 API 呼叫缺少某個 API 方法所需的參數時，在本地拒絕它，以防止無效的 API 請求被送到你的伺服器。

當用戶端 app 請求失敗時，你也應該支援它們執行的動作。有些失敗（例如授權錯誤）是無法藉由重試來處理的。你的 SDK 應該為這些失敗顯示適當的錯誤訊息給開發者看。對於其他的錯誤，最好讓 SDK 自動重試 API 呼叫。

為了協助開發者避免對著你的伺服器發出過多 API 呼叫，你的 SDK 應該實作指數型回退。這是一種標準的錯誤處理策略，使用它時，用戶端會以漸增的時間量來定期重試失敗的請求。指數型回退可協助減少你的伺服器收到的請求數量，當你的 SDK 實作它時，可以協助你的 web app 優雅地從停機恢復。

# SDK 最佳做法

以下是可以協助你擴展 API 的 SDK 最佳建構法：

- SDK 的穩定性、安全性與可靠性至關重要。SDK 的任何 bug 都有可能會迫使大量的開發者進行更新，有時就連簡單的升級都相當困難，這跟目前有多少開發者正在使用你的 SDK 有很大的關係。強烈建議你在發表 SDK 之前徹底地測試它。

- 建構行動 SDK 時，你必須進一步優化程式大小、記憶體的使用、CPU 的使用、網路互動，以及電池效能。

- 在 SDK 裡面實作 OAuth 這類的複雜 API 操作可協助提升開發者的入職體驗。

- 優雅地處理速率限制與錯誤。在 SDK 裡面建構保護機制可以避免 API 伺服器收到太多同時發出的呼叫。

- 向開發者展示錯誤，並且讓他們打開 log 來讓問題更容易排除。

- SDK 的包裝方式會影響它的使用率。使用適當的平台，例如 npm、CocoaPods、RubyGems 或 pip 來發布你的 SDK。

# 總結

擴展 API 不單單是每秒支援更多的請求，此外還有其他創造性的方法可支援持續成長的顧客數量。瞭解你遇到的擴展問題是什麼以及它們的原因非常重要，你的開發者真的需要發出他們所發出的 API 呼叫數量嗎？改變你的 API 設計可協助減少那個數量嗎？開發者可以更有效地使用你的 API 嗎？回答這些問題，並且取得開發者的回饋，將會協助你更成功地擴展 API。

當你改善 API 設計、策略與工具時，這些改變有時會影響你的開發者。在第 7 章，你將會學到如何在發表這些改變的同時，讓開發者知道它們。

# 管理變動

良好的設計永遠不會裹足不前，你今天設計出好東西不代表它在環境發生變化之後依然良好。好的 API 必須隨著產品或業務的發展而改變。

破壞性變動是許多 API 常見的陷阱之一。本章將討論如何一致地處理變動，以及如何在 API 變動時維持回溯相容性。

---

### 專家說

API 必須是一致的、明確的，而且應具備良好的文件。如果名稱與 URL 這些小地方有不一致的情況，隨著 API 的老化，它們累積起來會造成很多混淆的情況。因為我們都不想要做破壞性變動，所以我們會盡力保持一致，但是更重要的是，務必讓整合者清晰且明確地看到你新增的東西。

—Kyle Daigle，GitHub 的生態工程總監

---

## 努力維持一致性

一致性是任何一種傑出體驗的標誌，API 也不例外。一致性可以產生信賴感，信賴感是讓開發者生態系統蓬勃發展的基礎。

以下是一致性的特徵：

- 開發者能夠建立如何存取系統資料的心理模型。
- 回應物件是用嚴格的型態與有意義的名稱來制定的，也就是說，在不考慮端點的情況下，每一個模型都是相同的。
- 開發者可以在各個端點使用相同的請求模式，這可以減少中介軟體的需求，並且可以促進應用程式的執行與擴展。
- 請求（requests）的失敗都是出自可預期的、有意義的錯誤。

有時我們已經盡力了，API 卻同樣產生不一致的情況。以 Slack 的 API 為例，它在沒有任何人監督設計的情況下，隨著時間的推移加入許多 API 端點，這些公司的每一個產品團隊都各自設計與釋出 API 方法，因此產生許多不一致的情況。表 7-1 是兩種相似的 API 方法的簡化版請求模式，channels.join 與 channels. invite。

表 7-1 2007 年的兩種 Slack API 方法的簡化版請求：channels.join 與 channels.invite

| 接收頻道名稱 | 接收頻道 ID |
| --- | --- |
| `// 加入頻道`<br>`channels.join({`<br>`channel: "channel-name"`<br>`})` | `// 邀請一位用戶加入一個頻道`<br>`channels.invite({`<br>`channel:"C12345",`<br>`user:"U23456"`<br>`})` |

你可以在表 7-1 看到，有一個端點用字串名稱來接收頻道，另一個則是用 ID 來接收頻道，這種不一致性會傷害開發者，因為對開發者來說，當他們想要使用這兩個端點時，必須儲存頻道 ID 與頻道名稱兩者，並且多建立一層邏輯，在組合請求時決定應該使用哪一個。如果頻道名稱改變了呢？開發者還需要負責使用最新的頻道名稱。

一致性聽起來很簡單，當你可以在不受歷史約束的情況下一併設計所有的東西時，確實很容易創造一致性體驗，但是當你的 API 開始被活躍的開發者使用了，事情就開始變複雜了。隨著公司與產品的演進，對 API 做的新變動就會變成過往的一致性和未來的正確性之間的權衡取捨。

我們用以下的虛構案例來說明可能發生的情況。假設公司 A 已經
發表新的 API，它有一個方法可讓開發者一次抓取一位使用者的
所有存放區。最初，這個產品只讓每位使用者使用 10 個存放區。
範例 7-1 是初始 API 的原始 API 方法，repositories.fetch，
的回應負載。

範例 7-1 *repositories.fetch* 的回應負載

```
{
  "repositories": [
    {
      "id":12345
    },
    {
      "id":23456
    }
  ]
}
```

幾個月之後，這間公司發展壯大，它為產品加入一個新的付費階
級，讓使用者可以使用無限數量的存放區。一年之後，有許多超
級使用者已經累積了上百萬個存放區了。公司 B 建構了一個熱門
的 app，它使用了 repositories.fetch。雖然存放區的數量已經
擴大了，但 repositories.fetch 端點依然缺乏分頁機制。（分
頁的詳情見第 4 章）。因為存放區被分散成許多資料庫分片，現
在對 repositories.fetch 發出的請求會超時。

由於在週末有太多針對 repositories.fetch 的呼叫造成服務中
斷，公司 A 同意公司 B 釋出一個新的端點來回傳單一存放區，
repositories.fetchSingle，見範例 7-2。

範例 7-2 *repositories.fetchSingle* 的回應負載

```
[
  {
    "12345": {...}
  }
]
```

現在公司 A 有兩個端點，表 7-2 將它們列出以方便比較。

表 7-2 比較 repositories.fetch 與 repositories.fetchSingle 負載

| 端點 1 | 端點 2 |
|---|---|
| ```\nrepositories.fetch()\n{\n  "repositories": [\n    {\n      "id":12345\n    },\n    {\n      "id":23456\n    }\n  ]\n}\n``` | ```\nrepositories.fetchSingle(12345)\n[\n    {\n        "12345": {...}\n    }\n]\n``` |

留意這兩個非常類似的端點負載不一致的地方。repositories.fetch 的回應有一個鍵（"repositories"），它的值是一個物件陣列，裡面有 "id" ID 鍵。

相較之下，repositories.fetchSingle 回傳一個沒有 "repositories" 鍵的陣列。在這個陣列裡面有一個物件陣列，它的鍵是實際的 ID 值，而不是字串 "id"。

雖然這是個虛構的故事，但是它在成長中的公司並不罕見。你很有可能在 API 的初始版本釋出之後做出導致不一致的變動。開發者在採用這些新功能的同時，也遇到它們的不一致性。這就是不一致性隨著 API 的演進而發展（以及附著）的情況。幸運的是，為了協助避免這種不一致性，我們可以利用一些技術工具與組織程序，接下來的小節將討論其中的一些項目。

## 自動測試

讓所有影響 API 的人都瞭解並支持一致性非常重要，但你很難讓它成為組織價值並強制實施，而且你不能期望人們總是做出正確的決策，尤其是當他們需要為每一個決策重新考慮複雜系統的每一個環節時。這就是自動測試問世的原因。

持續整合（CI）可將所有開發者的複本整合到單一共用的存放區，通常會在一天之內進行多次。從程式碼被寫好、被批准到被合併的工作流程稱為 CI 管道（圖 7-1）。在讓開發者合併他們的程式之前加入一個自動測試步驟（見圖 7-1 的步驟 3）可以防止不受歡迎的變動偷偷溜入 API，尤其是非回溯相容的變動。這種測試套件很適合在開發 API 時用來捕捉迴歸。

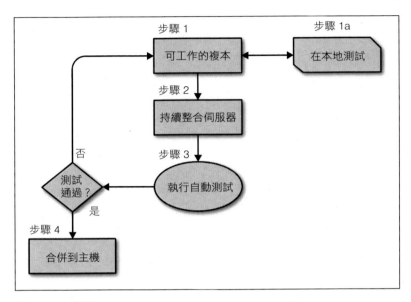

圖 7-1 CI 管道

當你實作自動測試套件時，必須可讓內部開發者提供即時回饋、盡量減少偽陽性錯誤，並且授權內部開發者在他們的 API 設計中做出正確的選擇。測試本身應該驗證輸入、預期的行為，以及回應負載內的資料型態是否正確。有越多人被授權編寫高品質的自動測試，你的 CI 管道就越能夠確保 API 的資料可靠性。

在 CI 管道中，你也可以在合併會影響 API 輸出的變動之前，加入額外的審核要求。當你發現會影響 API 的變動時，可以自動將程式碼的變動送給特定人員，在它被合併之前審核它，這些審核者可以用一個程序來確保請求與回應和已被釋出的 API 一致。

你應該將自動測試納入內部的開發週期，它可以提高人們查覺程式碼變動以及對它做出回應的能力。你抓到越多不想要加入的變動，對你來說就越好。

如果你沒有 CI，也要在程式碼主線之外持續執行自動測試，以瞭解 API 的健康狀況。首先，你應該盡量頻繁地執行測試，接著，當你建構 CI 管道時，讓它們是 nonblocking 的，並監視結果。當你有 0% 的偽陰率時，打開它們成為 blocking 測試，用失敗來防止合併。

總之，你要建立一個程序來確保內部開發者可以即時收到關於設計決策與變動（在被合併之前）的回饋。

除了用 CI 管道確保回溯相容性之外，我們還有一些其他的機制可以協助確保 API 的一致性，見接下來的小節。

# API 描述語言

在服務導向的結構中，你可以使用介面描述語言（IDL）來定義請求與驗證回應的型態系統。但是，在設計讓外部使用的 API 時使用這些工具沒有任何好處，因為你無法控制請求的行為。因此，你必須採取不同的做法來定義 API 的介面。

JavaScript 物件表示法（JSON）是一種常用的格式，它既靈活且富表現力，也是本書所有 API 範例的格式。當 JSON 變得越來越豐富且富表現力，它就不會被限制成大多數程式語言擁有的同一個型態系統了。因此，當你提供 JSON web API 時，必須仔細規劃用來管理回應與請求的變動的工具。

首先，我們來談一下描述與驗證回應。

## 描述與驗證回應

你要用自動測試來驗證的第一個東西就是回應負載。幸運的是，你不需要從頭開始編寫這種驗證程序。

有一些工具可以協助你以結構化的方式描述 API 的介面，它們可以產生文件並執行測試。此外，有些工具也可讓你指定資料型態與自訂資料型態，包括（*https://en.wikipedia.org/wiki/Overview_of_RESTful_API_Description_Languages*）json:api、JSON Schema 與 Apache Avro。

下面的範例程式包含了簡單的 JSON Schema 系統，以及使用 Ruby 的 RSpec 程式庫的測試。這些範例說明如何驗證一個簡單且平坦（flat）的 JSON 回應（你的回應或許會複雜許多）。而這些範例的目的，是讓你在比較高的層面上瞭解 JSON 驗證是如何在你的 CI 管道裡面運作的。

範例 7-3 是 repositories.fetch 的負載回應的定義。除了這裡展示的功能之外，JSON Schema 還有許多其他功能。這個設計是一個基本的範例，描述了所有必須的欄位，並且用 "additionalProperties": false 來表示它沒有選用的額外欄位。它也在回應中使用 "repositories" 鍵列出一個必須欄位。在 "properties" 物件內，每一個必要的欄位都用 "type": "array" 來描述，並且指向定義陣列的每一個項目應該長怎樣的單一定義。

範例 7-3 *JSON Schema 定義*

```
{
  "$schema": "http://json-schema.org/draft-04/schema#",
  "title": "repositories.fetch",
  "description":"Schema for repositories.fetch response payload",
  "type": "object",
  "additionalProperties": false,
  "required": [
    "repositories"
  ],
  "properties": {
    "repositories": {
      "type": "array",
      "items": {
        "$ref": "../common_objects_schema.json#/repository"
      }
    }
  }
}
```

範例 7-4 是範例 7-3 以 "../common_objects_schema.json#/repository" 參考的存放區的定義。這個物件有必須的欄位，每一個都有它自己對應的獨特特性。這個物件定義對於維護 API 的一致性有很大的幫助。它們都是可重複使用的物件，可在各種其他端點的 JSON Schema 裡面使用。這些可重複使用的物件的定義越嚴謹，它們就越能夠在其他的 JSON Schema 定義裡面到處使用，你就越能夠確保你的回應在描述同一個物件型態時都有類似的負載。

範例 7-4 單一 "存放區" 的 *JSON Schema* 定義，可在許多其他的 *JSON Schema* 規格裡面重複使用

```
{
  "$schema": "http://json-schema.org/draft-04/schema#",
  "repository": {
    "type": "object",
    "additionalProperties": false,
    "required": [
      "id",
      "name",
      "description",
      "created"
    ],
    "properties": {
      "id": {
        "type": "integer"
      },
      "name": {
        "type": "string"
      },
      "description": {
        "type": "string"
      },
      "created": {
        "type": "integer"
      }
    }
  }
}
```

範例 7-5 是個 RSpec 測試，它會呼叫 API 端點，接著使用輔助程式來以 JSON Schema 驗證回應。你可以視需求或在 CI 系統中執行 RSpec 測試（或你為自動測試選擇的任何東西）。每當回應負載改變時，你就要更新 JSON Schema（或是你用來定義回應負載的東西）。

範例 7-5 使用 *JSON Schema* 定義的 *RSpec* 測試

```
describe 'repositories.fetch' do
  # 抓取所有存放區
  ...
  it "can fetch all repositories successfully", acceptance: true do
    create_repository_factory (product: 'std')

    step "call repositories.fetch endpoint"
```

```
response = @client.repositories.fetch().response_body

step 'Validate API response and its schema for "ok: true"'
expect (response).to_match_json_schema(repositories.fetch)
        end
    end
  end
end
```

## 描述與驗證請求

知道如何驗證 API 回應負載之後，如何處理請求？因為你無法控制開發者使用 API 的方式，所以最好的做法就是定義一個明確的介面，在創造彈性的同時，指引開發者採取最佳選擇與模式。此外，良好的請求定義介面也可讓你定義可重複使用的型態，就像範例 7-4 的 JSON Schema 中的可重複使用的物件定義。

值得慶幸的是，坊間有一些工具可協助你定義你的請求結構，免於讓你從頭開始建構它。如同對於 API 回應的做法，你可以使用 JSON Schema 來描述與驗證 API 請求，只要請求採用 JSON 或是你可以將它轉換成 JSON 即可。此外，Swagger 這類的工具使用不同的規格，稱為 OpenAPI（之前稱為 Swagger Specification）來描述 REST API。如果你要充分利用這個系統，你的 API 不一定要採用 REST，它唯一的需求是你要使用 web。Swagger 也有一個自動產生文件的機制。類似的情況，OpenAPI 可讓程式庫與 SDK 生成程式碼。

無論你使用 JSON Schema 還是 OpenAPI，實作請求規範系統有很多用途。除了文件化之外，這個系統也會做一些錯誤檢查，並驗證被送進來的 API 請求。當你的請求欄位有嚴謹的型態時，你可以在請求的格式不正確時發送錯誤，這可以節省你組裝不良回應負載的精力，也可以提供更好的回饋給開發者。

如果你缺乏控制第三方 API 請求的能力，就代表你會因為誤認為「你和使用者有相同的想法」而產生錯誤。別忘了人類有無限的創造力，使用者會用你意想不到的方式使用你的 API。

這就是文件非常重要的原因。當你建立一個請求規格並且將它緊密地與文件整合時，就可以協助使用者做出正確的選擇。你必須在文件中傳達當今世界的情況，以及曾經做過的重大變動歷史紀錄，或許也可以指出即將到來的變動。

> ### 故事時間：Slack 的 API 詮釋資料
>
> 當 Dan Bornstein 進入 Slack 的開發者平台團隊擔任軟體工程師時，那個團隊沒有關於 API 請求的標準定義，雖然他們的 API 已經快速地發展而且擁有大量的關注者了。所以 Dan 建立了 API 詮釋資料系統來描述每一個 API 方法的請求。這個系統一開始是根據歷史流量中的請求參數來分類它們，用歷史流量來建構初始系統之後，Slack 的軟體工程師就主動地使用 API 詮釋資料來描述 API 介面。他們用 API 詮釋資料來產生文件，甚至也將請求欄位轉換成互動式 API 測試器。他們還將 API 詮釋資料插入資料倉庫中，以便提取 API 流量的統計報告。最後，它成長為 web 請求與回應實現之間的一個階層，這個階層可處理引數驗證、一般錯誤與警告、權杖類型驗證，及其他事項。它變成一種可擴展的做法，可在組裝回應之前捕捉請求中的早期例外。

## 回溯相容性

當你使用 GraphQL 之類的查詢系統時，必須在請求指定所需的欄位，所以你必須明白經常被使用的欄位有哪些。但是如果你的 API 類似坊間絕大多數的第三方 API，你很有可能會在 JSON 負載中回傳所有相關的欄位，而且就算你使用的是 *QL 框架，開發者仍然有可能選擇所有的欄位，在這兩種情況下，你都無法查看有哪些欄位被使用了，你只知道它們都被請求。

對某些公司與產品而言，回溯相容性是不容商榷的。在 Cloudinary，API 會維持完整的回溯相容性，因為到處都有使用這個 API 的圖像 URL。幸運的是，他們設計的介面是可擴展且 future-proof 的，所以主要的挑戰變成教育顧客使用新的功能。

回溯相容性對所有開發 API 的人來說都是一種重大的考慮因素，對有外部使用者的 API 提供者而言更是如此。當關係人是公司內部的人員，而不是外部的時，溝通與改變 API 回應比較簡單。

# 故事時間：Slack 缺少的欄位

在 2016 年 3 月，Slack 還沒有 API 詮釋資料系統。它沒有 JSON Schema 或 RSpec 測試。官方的 Slack 平台在三個月之前才剛剛正式啟動。

此時坊間出現一個不一致的 API 請求，讓 Slack 本地行動用戶端感到苦惱。第三方機器人可以用 as_user 參數來呼叫 chat.postMessage。當它是 false 時，被 post 的訊息有一個旗標，is_bot=true，當 as_user=true 時，沒有 is_bot 旗標，這讓人搞不清楚機器人模擬的訊息與實際的使用者訊息。

Slack 希望提供機器人功能，但希望讓人類使用者知道該訊息來自機器人。解決的方法是始終在所有的訊息負載中設定 is_bot。這種決定是為了建立一致性，這個欄位一定會被設定，無論它的值是 true 還是 false。Slack 開發者決定一勞永逸地修正這個問題，悄悄地將那個未被列入文件的欄位改成永遠存在。

通常讓欄位有一致的行為是件好事。

但是在 Slack 的生態系統中，有一種熱門的 app 以不同的方式來使用那個欄位，那個 app 不是檢查欄位的值，而是檢查鍵是否存在，以應用在商業邏輯中，這種 app 利用了原本的不一致性。Slack 做出改變之後，無論 is_bot 欄位被設成什麼，那個 app 都會當機。由於 Slack 在 API 裡面做了功能性變動，讓一種最熱門的 Slack app 突然無法正常運作了：

```
WARNING:
Developer reporting an outage due to change in
chat.postMessage parameter as_user.
```

原本應該修復錯誤的變動本身變成一種錯誤，最後 Slack 撤回這項變動，給開發者三個月的時間找出解決這個問題的方法。在 4 月 13 日，Slack 發表一篇部落格文章（*https://medium.com/slack-developer-blog/api-update-new-field-in-*

*apiresponses-d23076ea2ef3*）宣布了這項改變。讓欄位具備一致性的改變在 4 月 30 日再次上線。

我們從這裡學到的教訓是，就算你是為了修正錯誤而推出修復程式，也要仔細思考如何降低對開發者造成的影響，想一下開發者會以何種超乎你預期的方式使用 API。你沒辦法永遠都猜得到別人會用你的 API 做出什麼東西，也無法控制他們製作 app 的方式。

# 規劃與溝通變動

許多技術設計資源都可以幫助你設計全新的專案。但是一旦你的 API 成功了，你就要在"不是新的"領域工作好幾年。這意味著你和開發者將會有好幾年的時間是透過你以前的決策來互動的，而且所有新的設計決策都背負著過往的背景。

你必須決定你的系統對各種類型的變動有多大的容受度。此外，你應該開發一個強大的溝通系統來與 API 使用者溝通。想想你將要執行的變動類型、這些變動對開發者的影響，以及適合採取哪種溝通。這可能會花很多時間與精力來完善，但建立溝通計畫至關重要。

## 溝通計畫

在建立溝通計畫時，你要確保開發者可以透過某個機制接收更新。你可以在一開始使用 rich site summary（RSS）feed，但是最終你仍然需要用一種方式來與特定的開發者討論即將影響他們的變動。

在之前使用 repositories.fetch 與 repositories.fetchSingle 的例子中，你可能要與曾經在前面的 12 個月內用過 repositories.fetch 端點的所有開發者連繫，以提供關於全新的 repositories.fetchSingle 端點的更新給他們。你甚至可能會與用過 repositories.fetch 端點並且在你釋出導致過期的產品之後收過 500-level 回應的所有開發者聯繫。

---

表 7-3 是進行回溯相容與非回溯相容的變動時的溝通管道與時程表。在這個例子中，回溯相容的變動可以在任何時間發表，開發者會在非回溯相容的變動發表前的 18 個月收到通知。

表 7-3 變動類型的分類範例

|  | 回溯相容 | 非回溯相容 |
| --- | --- | --- |
| 範例 | 增加請求參數、增加回應欄位、增加新的 API 方法 | 移除回應欄位、改變功能、改變回應型態、移除端點 |
| 溝通管道 | RSS feed<br>API 文件 | RSS feed<br>API 文件<br>email 給受影響的開發者<br>用部落格文章解釋變動 |
| 通知後的發表時間 | 隨時 | 18 個月 |

除了用溝通機制將資訊廣播給特定用戶之外，你也可以用其他內建的方式來溝通。你可以在回應負載或標頭註解變動資訊。範例 7-6 說明如何在 `repositories.fetch` 端點的負載裡面做這件事。

範例 7-6. 加入回應詮釋資料來與開發者溝通

```
// GET repositories.fetch()

{
  "repositories": [
    {
      "id":12345
    },
    {
      "id":23456
    }
  ],
  "response_metadata":{
    "response_change": {
          "date":"January 1, 2021",
          "severity":1,
          "affected_object": "repository",
          "details":"Starting January 1, 2021, a new field `date`
                    will be added to each repository object"
    }
  }
}
```

你的溝通計畫必須在"給予開發者適當的變動通知"以及"發展你的 API"之間取得平衡。如果你做了很多的變動，那麼通訊的開銷會隨著你加入的程序數量而增加。想想你可以在程式碼的哪裡加入自動化的通訊，以減少自訂各個通訊管道的開銷。

---

### 專家說

當我們管理變動時，絕對要保持溝通管道的暢通。我們要很積極地確保開發者知道他們應該期望什麼東西。我們透過各種管道（部落格文章、email 與其他宣傳活動）做很多事情，因為我們知道這件事有多重要。

—Desiree Motamedi Ward，Facebook 的開發者產品行銷主管

---

# 加入

在你對你的 API 所做的所有變動中，加入是最簡單的一種，無論你是加入新的端點還是新的欄位，當你正確執行時，這些變動通常都很容易執行。

就加入回應欄位而言，加入新的 JSON 鍵／值幾乎都是回溯相容的，而且不會影響開發者的做法。如果你始終一致地設定欄位更是如此，無論它們的值是什麼。（型態一致的欄位有助於生成程式碼，有些 API 提供者會做這件事來建立他們的 SDK。）同樣的原則也適用於查詢式介面——加入"欄位"比移除它容易。

就算加入回應欄位比移除它們簡單，為了回溯相容，你仍然要考慮一些事情：

該欄位之前有被設定嗎？

　　如果欄位之前沒有被設定，但是你決定一致地設定它，你應該問問你自己，開發者會不會根據"欄位未被設定"這個事實來做事。

有任何人想要新欄位嗎？

有時你必須提供一個機制讓開發者選擇一或多個新欄位，在
這種情況下，你或許可以考慮用一個新端點或新的請求參數。

加入新的請求參數來控制輸出看起來是個方便的選擇，但是
做出這個選擇時要小心，當你加入太多請求參數，你的 API
端點會明顯變得難以用 JSON Schema 等工具來描述，因此，
它就變得更難使用自動化的工具來測試。

在啟用新功能時，加入新端點似乎也是一個富吸引力的選擇。
但是你必須確保新端點與之前的保持一致、開發者擁有無縫
的升級路徑（他們現有的授權是否適合新端點？）而且你沒
有讓擁擠的功能充滿有限的命名空間。

## 移除

為了持續發展 API，你可能需要完全棄用一些端點與欄位，因此，
我們來看看如何讓開發者輕鬆地經歷這個過程。這種類型的變動
需要大量的溝通，也會改變基礎結構。

---

### 專家說

不要讓你的 API 過度複雜，也不要讓它太過 future-proof。
通常讓你的 API future-proof 會讓它太通用與（或）太複雜。
在你的平台上建構 app 的開發者是為了 "現在" 而工作的，
他們喜歡快速前進，不一定會考慮 10 步之後的事情，你的
API 應該迎合這種心態。

—Yochay Kiriaty，Microsoft 的 Azure 首席專案經理

---

當你從開發者那裡拿走某些東西時，必須用一些激勵他們改用新
東西的因素來引導他們轉型。你啟用了哪些功能？有沒有問題是
無法用被棄用的端點來修正的？這些都是你在宣布棄用時應該清
楚知道的事情。有時你可能需要用最終使用者的功能來包裝新功
能，以吸引開發者使用新功能。

---

除了讓轉換的過程更方便之外，你一定要告訴開發者有欄位被棄用了。通知之後，給開發者足夠的時間停止使用被棄用的欄位或端點。

太短的棄用時間表可能會削弱開發者的信任，並且阻礙 API 的採用。各家公司通常會實施一些策略來訂定他們釋出 API 的最短時間。例如，在寫這本書時，Salesforce 承諾會在第一版發表之後三年內支援各種 API 版本。Salesforce 至少會在棄用一個 API 版本之前一年直接告訴顧客。

有些 API 規格會敘述處理棄用的標準做法。GraphQL 可讓人將欄位標記為棄用。它的規格指出：

> *3.1.2.2 物件欄位棄用*
>
> *當 app 認為必要時，可以將物件中的欄位標為棄用。查詢這些欄位仍然是合法的（為了確保既有的用戶端不會因為變動而故障），但你應該在文件與工具中妥善地處理那些欄位。*
>
> *—來自 GraphQL 規格，工作草案，2016 年 10 月*

## 版本管理

如第 4 章所述，為了將變動捆綁成可理解的區塊，並且讓開發者可以瞭解你的 API，你或許可以考慮做版本管理。接下來的小節將說明一些管理版本的策略。

## 添加式變動策略

在添加式變動策略中，所有的更新都與之前的版本相容。下面的變動被視為非回溯相容的，應避免在添加式變動策略中採用：

- 移除或重新命名 API 或 API 參數
- 改變回應欄位的型態
- 改變既有 API 的行為
- 改變錯誤碼與錯誤合約（fault contract）

在實施這個策略時，你可能會做出增加一個輸出欄位或新的 API 端點之類的變動，但是絕對不可以改變回應欄位的型態或移除回應欄位，不讓使用者透過請求的參數來加入它們。這代表當你執行這個策略時會加入越來越多會改變回應的參數。表 7-4 是針對一個取得使用者資源的虛構 REST API 執行這個策略的情況。

表 7-4  REST API 的請求與回應

| 主動選擇排除 friends 串列的請求範例 | 請求預設負載範例 |
| --- | --- |
| GET /users/1234?exclude_friends=1 | GET /users/1234 |
| ```json<br>{<br>    "id": 1234,<br>    "name":"Chen Hong",<br>    "username:" "chenhong",<br>    "date_joined": 1514773798<br>}<br>``` | ```json<br>{<br>    "id": 1234,<br>    "name":"Chen Hong",<br>    "username:""chenhong",<br>    "date_joined": 1514773798,<br>    "friends": [<br>        2341,<br>        3449,<br>        2352,<br>        2353,<br>        2358<br>    ]<br>}<br>``` |

在表 7-4 的例子中，exclude_friends 是新增的請求參數，它改變了回應的負載。

採取明確的規則，組織內部就不需要討論太多的程序。

## 明確的版本原則

當你建立一個具備明確編號的版本系統時，第一件事情就是決定使用者如何與版本互動，這通常稱為版本控制方案（*versioning scheme*）。接下來你會看到幾個可用的選項，每一種選項都有獨特的優勢。最終，你的版本存取模式必須像文件承諾的那樣穩定，並且在開發者選擇新的版本時，可以和之前的版本一樣穩定。

---

### 專家說

從一開始，我們就知道我們的 API 需要反覆地改善——Uber 發展的腳步太快了，因此，我們管理各個端點的版本，以便輕鬆地閱讀歷史文件。

—Chris Messina，Uber 的開發者體驗主管

---

許多 API 提供者在定義版本方案時，經常選擇更新 URI 元件，他們經常把它當成 URI 的基礎，放在資源實體前面，舉 Uber 的搭乘請求 API 端點為例，https://api.uber.com/v1.2/requests。這個例子將 v1.2 插在 *requests* 資源前面。這類似 Twitter 的 Ads API 的做法，其中的 2 就是版本：https://adsapi.twitter.com/2/accounts。除了把版本放在資源前面之外，另一種加入版本的做法是把它放在資源後面，這意味著該版本是資源或 API 方法所屬的，而不是整套 API 方法。

在 URI 元件中指定版本的好處在於，它可讓許多程式語言、程式庫與 SDK 使用基礎 URI 輕鬆地將請求綁定特定的版本。此外，如果大部分的請求都是 GET，這種做法可讓開發者輕鬆地在瀏覽器除錯並且檢查端點，依你的授權系統而定。但是如果你尚未準備好讓這些端點成為永久連結，你就不應該使用這種方案，因為這種模式意味著在 REST 模式中，資源有一定程度的持久性。最後，如果你選擇使用 URI 元件來指定 API 版本，請準備支援 300 級的 HTTP 狀態碼來指出被移動或正在移動的資源的轉址。

使用 HTTP 標頭是另一種指定版本的方式。你可以透過自訂標頭來做這件事，例如 Stripe 的 Stripe-Version 標頭，或透過 Accept/Content-Type 標頭（Accept: application/json; version=1）或在自訂媒體型態裡面透過 Accept 標頭（Accept: application/custom_media +type.api.v1 + json）。這種方案的版本比 URI 元件不明顯，可能會降低在瀏覽器中進行實驗的方便度，如果用戶端將兩個請求解讀為同一個請求的不同版本，可能還要處理用戶端的快取，但是它可以減少 URI 的膨脹。

最後一個選項是使用請求參數。在這種方案中，你可讓使用者與任何其他請求參數一起請求版本。這是 Google Maps API 的請求範例：*https://maps.googleapis.com/maps/api/js?v=3*。查詢字串中的 *v=3* 的功能是選擇版本號碼。它的好處類似用 URI 元件來指定版本，但根據你的 app 堆疊，指定這些請求的路由可能比較困難，因為查詢參數與它們的型態經常改變，而且查詢參數是在 URI 之後解析的。

當然，除了讓使用者指定版本號碼的機制之外，版本管理還有許多需要處理的事項。在幕後，你可以為基礎程式做出許多其他的決策，例如，你該如何確保舊版本的回溯相容性？開發者開創的事業可能會依賴 API 的穩定度，而且如前所述，他們在幾年之內可能不會停用舊的版本。在許多情況下，維護這麼多版本會產生分支的基礎程式或程式路徑，讓你在建立新的函式時必須呼叫舊的函式，如圖 7-2 所示。

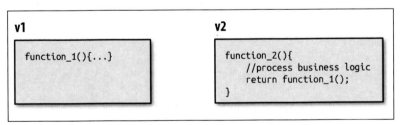

圖 7-2 加上版本的函式名稱

你也可以叉開程式碼路徑，將請求引導至負責執行它們的新控制程式，如圖 7-3 所示。

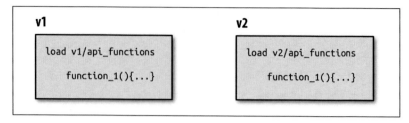

圖 7-3 加上版本名稱的控制器

最後,在基礎程式中維護版本的另一種做法是在各個版本之間進行轉換(圖 7-4),採取這種做法時,你要更新一個主函式,那個函式有對應之前的版本的方案的轉換函式,轉換函式可將資料轉換成適當的方案再回傳它。

```
v1, v2

function_1(){
    // assemble data
    $output_data = []

    if (v1) {
        $output_data = transform_v1($output_data)
    }

    return $output_data
}
```

圖 7-4 介於版本 2 與版本 1 之間的轉換層虛擬碼

除了實作版本管理系統之外,你和你的團隊也必須思考如何組織與標示你的版本。對此,你可以使用語義版本管理規格(SemVer)來根據一種標準描述你的變動。SemVer 有 MAJOR(主要)、MINOR(次要)與 PATCH(修補)版本(格式為 MAJOR.MINOR.PATCH)。MAJOR 版本代表非回溯相容的 API 變動,MINOR 版本代表以回溯相容的方式加入功能,PATCH 版本代表回溯相容的 bug 修改。

記錄主要變動的做法是用將整數加往上加,例如從 *v1* 變成 *v2*。次要與修補變動則是遞增整數後的小數,例如從 *v1.1* 到 *v1.2* 或從 *v1.1.0* 到 *v1.1.1*。就算使用 SemVer,你也必須決定要多麼詳細地指定請求的版本，以及各個版本可接受的變動類型。例如，你或許決定讓所有開發者自行遞增 MINOR 版本，因為它們是回溯相容的變動。另一種策略是將所有次要的變動放到前一個版本，而不將版本名稱往上調。新的回應欄位可能會同時出現在 *v2* 與 *v1* 裡面。

表 7-5 是可讓公司用來制定主要與次要變動的版本範例。

表 7-5 主要與次要變動的範例

| 主要變動 | 次要變動 |
| --- | --- |
| 會影響相同格式的請求的輸出的商業邏輯變動 | 加入新端點 |
| 移除端點 | 加入新的請求參數 |
| 停止支援請求參數 | 加入新的回應欄位 |
| 棄用產品 | |

除了決定有哪些變動必須用版本數字來表示之外，你也必須決定如何在文件中建立 API 版本，以及如何在各種層級的文件溝通版本。圖 7-5 是這種用途的 Uber API 文件橫幅（*https://developer. uber.com/docs/riders/guides/versioning*）。

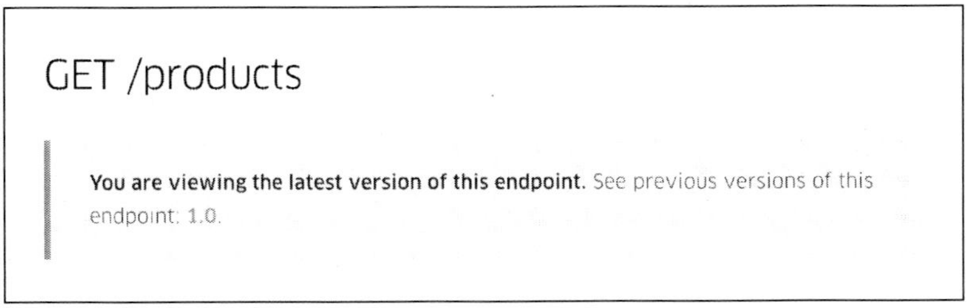

```
GET /products

You are viewing the latest version of this endpoint. See previous versions of this
endpoint: 1.0.
```

圖 7-5 Uber 的 API 文件用這個橫幅來指出特定端點早期版本的文件。

最後，你可以公布新版本可以完成哪些功能來促使使用者採用新版本。

## 版本管理案例研究：Stripe

研究管理 API 版本需要進行的決策之後，我們來看看 Stripe 是如何實作版本管理的。Stripe 是一間線上付款公司，因為 Stripe 是依靠第三方開發者使用 API 來產生收入的公司，所以傾全力維持回溯相容性。Stripe API 直到 2017 年仍然持續維持從 2011 年成立以來每一個釋出的 API 版本的相容性。

---

## 專家說

持續改善 API 很好，但破壞開發者已經建構的東西就不好了。找到優雅的平衡非常重要——做到這一點的方法之一就是完全避免破壞性變動。

這是 Stripe 一貫的做法：我們會提供回溯相容性來確保今日寫好的程式在之後的幾年內都仍然是可動作的。當開發者開始使用一個 API 版本時，我們會就鎖定那個版本，除非他們主動選擇升級（因為他們想要使用新的功能），否則我們不會要求他們這樣做。在幕後，我們為每一個新的 API 版本加入離散程式設計閘門（discrete programming gates），這些閘門可以有條件地提供新功能或變動，隔離請求與回應的邏輯層，並且從根本上隱藏主基礎程式的任何回溯相容概念。

—Romain Huet，Stripe 的開發技術推廣部主管

---

Stripe 頻繁地更新版本，並以發表日期來命名它們。當開發者第一次發出 API 請求時，他們的帳號就會被固定為最新的 API 版，之後請求就不需要指定那個被固定的版本了。若要升級版本，Stripe 用一個儀表板提供自助選項給開發者改變他們的預設版本。此外，Stripe 可讓開發者藉由設定 Stripe-Version 標頭在各個請求中覆寫版本，例如 Stripe-Version: 2018-02-28。這種結合覆寫與固定的升級方式可讓開發者無縫地選擇更改。有趣的是，Stripe 也在它的 API 基礎 URI 中加入 /v1，就算它到目前為止還沒有發表過會產生破壞性變動的主要版本。這間公司保留釋出這種版本的機會（*https://stripe.com/blog/api-versioning*），但是在寫這本書時，它還沒有釋出任何一個。

在幕後，Stripe API 用一個稱為 *API resource* 的類別來編撰每一個可能的回應。它有它自己的領域專屬語言，類似定義資源欄位的語言。在做版本變動時，變動會被放入一個版本變動模組，這個模組定義了關於變動、轉換與應該修改的 API 資源類型的文件。這樣做的好處是當 Stripe 以新版本來部署服務時，可以用程式來產生變動日誌。

## 版本管理案例研究：Google+ Hangouts

接著我們來看一下 Google+ Hangouts API（*https://developers.google.com/+/hangouts/release-notes/hangouts-1.2*）。在這個 API 中，遞增的版本是用來溝通變動的，而不是讓開發者管理所需的邏輯或端點的回應。Google 需要改變端點或它的名稱時，會加入一個版本資訊來指出舊端點已被棄用了（圖 7-6）。

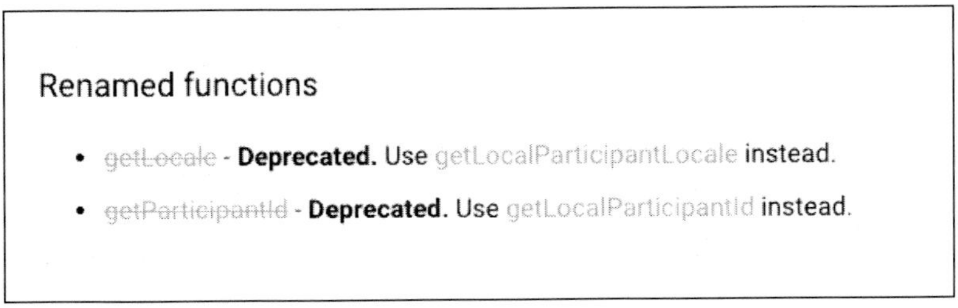

Renamed functions
getLocale - Deprecated. Use getLocalParticipantLocale instead.
getParticipantId - Deprecated. Use getLocalParticipantId instead.

圖 7-6 Google+ Hangouts API 的版本資訊指出一個函式已被改名了

Google 在 2017 年 1 月 10 日宣布它之後不會支援 API 了。app 只能夠運行到 2017 年 4 月 25 日，但有一些例外（Slack、Dialpad、RingCentral、Toolbox、Control Room 與 Cameraman）。Google 不但在它的文件中到處加入關於這項聲明的橫幅，也在回應中加入一份說明，指出那些端點在 4 月 25 日之後就失效了。圖 7-7 是 Google+ Hangouts API 文件裡面的棄用橫幅。

Google+ Platform > Google+ Hangouts API
Search
HOME
GUIDES
REFERENCE
SAMPLES
SUPPORT
SEND FEEDBACK
Important: The Google+ API for Hangouts is no longer supported. Learn more

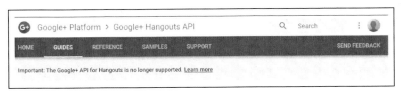

圖 7-7 指出支援即將終止的 Google+ Hangouts API 橫幅

### 流程管理

無論你選擇哪一種機制，版本管理都會為你的 API 加入額外的處理流程。你必須使用文件來充分描述變動日誌與 API 之間的差異。在引擎蓋下，你或許需要搞清楚如何部署版本化的程式碼，以及如何安排你的存取控制層，來保留舊版本的功能。維護多個棄用版本不容易，尤其是當上游的核心程式庫可能會影響你的 API 輸出時。

你也要考慮你的員工可以同時支援的版本數量。就維護程式碼而言，若要修復多個版本的安全功能，你該如何安排它們的優先順序？你會因為某些修改而升級所有之前的版本嗎？協助開發者的人員如何在開發者遇到問題時有效地協助他們？當你使用版本管理系統時，這些問題都會變得更複雜且耗時。

有時維護版本並不划算，不使用版本管理系統的其中一項好處是，你可以避免堆積依賴關係與複雜的維護工作。當你的 API 只有一層時，程式碼對你的內部開發者來說是透明且容易閱讀的，這種容易維護的好處是不容小覷的。或許你可以考慮延後執行版本管理，直到你有足夠的基礎架構可以協助你的開發者為止。

無論你是否決定使用版本管理，管理變動意味著找到 "維持回溯相容性" 和 "快速地發布更改" 之間的平衡，讓你的開發者可以用你的平台成功。別忘了取得回饋、為你的開發者進行優化，並且適度地進行所有的更改。

# 總結

在這一章，我們討論了藉由管理變動來持續開發與改善 API 的許多面向。擁有一個強大的流程與系統來管理持續發生的變動是發揮 API 所有潛力的關鍵。有了管理變動的能力，你就不會拘泥於過去，並且能夠持續改善你的 API，以面對未來的挑戰。

在第 8 章，我們會告訴你如何建構開發者生態系統，如此一來，在你可以讓 API 前往下一個階段的時候，就會有許多開發者等著使用新增的功能。

第八章

# 開發者生態系統
# 建構策略

建構一個可擴展的、具備良好設計的 API 是很好的開始，但是如果你希望讓開發者使用 API，除了發表它之外，你還要做很多事情。"當你寫出 API 就有人會使用它"是一種常見的誤會，你可以從許多已經發表 API，卻不明白為何沒有開發者使用它的公司看到這一點。

建構開發者與夥伴的生態系統的專家稱為 *developer relations* 【譯註】。我們來定義在開發者平台或 API 的背景之中的生態系統是什麼意思。

開發者生態系統很像自然界的生態系統，它是一種虛擬的系統，裡面的成員會在同一種平台、技術或 API 上合作、互相依賴，有時互相競爭。

世上有許多開發者生態系統，其中有些最好的系統是自發型組織——Google 與 Android 都有令人讚嘆的開發者生態系統與社群，iOS 開發者會成群結隊地參加會議與合作，Microsoft 有個強大、多方面的開發者與夥伴生態系統。

---

譯註：直譯為"開發者關係"，但也有人譯為開發技術推廣者。

在這一章，我們要討論偉大的生態系統是怎樣組成的，以及公司如何為它們的 API 建構成功的生態系統。

# 開發者、開發者、開發者

開發者可以用 API 做出很棒的東西。他們可以擴展與改善你的公司的產品（Slack app 讓 Slack 更成功），他們可以使用它並成為你的用戶端（Google Cloud Platform 是很好的例子），而且他們可以促進更多人採用你的平台／OS（iOS 因為有上百萬個 app 而大受歡迎）。

許多公司在意識到他們無法自己做出所有的東西之後得到這個結論：他們需要一個生態系統。Microsoft 沒辦法幫 SharePoint 建構所有的擴展程式，Google 與 Apple 無法自行建構所有的行動 app，而 Slack 無法在它的產品內建構所有的機器人與整合，這些公司透過開放它們的 API 給開發者使用來擴展自家產品的價值。

其他的公司則是將 API 當成創造收入的手段。Stripe 與 Cloudinary 都有作為業務核心的 API，它們要麼出售它的使用權，要麼對某些交易收取一定的費用。在這種例子中，你很容易就可以看到開發者生態系統的價值。

在本書中，開發者泛指擁有技術印章（technical chop）、可以使用你的 API 的人。他們可能不認為自己是開發者——他們可能稱自己為 IT 人員、設計師、懂技術的商人，或任何其他工程師。接下來的小節將介紹一些常見的開發者類型。

## 業餘愛好者

這種 API 使用者是早期採用者，他們不一定會以專業的方式使用你的 API，他們的樂趣是把玩 API、創造範例，並試著找出邊緣案例與限制，而且通常很快就會說出自己的觀點。

業餘愛好者通常會迫不及待地使用 API 的新功能並且讓你知道它好不好用以及品質如何。關於業餘愛好者的挑戰在於，有時他們的使用者案例不是你在設計 API 時想到的，如果你建立的是臉部識別 API，業餘愛好者會用貓狗來測試它，雖然這是件很有趣的事情，但它不是你的主要使用案例，最終可能讓你浪費時間與資源來試著支援低影響力的 API 邊緣使用案例。

## 駭客

也稱為早期使用專業開發者（*early-adopter professional developer*）或承包人（*entrepreneur*），他們會試著以專業的方式來使用你的 API，並且有可能從中盈利。駭客與專業開發者不同，他們的興趣是處理特殊的使用案例並根據適用性與成熟度來評估 API。在許多情況下，駭客是你的 API 在早期階段最重要的用戶——專業開發者與業餘愛好者都會迫不及待地使用新功能，並且願意處理變動，但他們也會高度專注於處理具體的使用案例，通常這些案例都符合你所預期的 API 用途。

駭客的動機是創新，他們會追隨 Twitter 並且瀏覽 Medium 與 Product Hunt 來尋找新技術。他們可能也會因為覺得很酷而把玩技術，但他們一定會實際應用它們。他們的專業程度很高，通常可以應付高的學習曲線，而且不需要借助於 SDK、除錯工具或 WYSIWYG 工具就可以使用你的 API。

## 以商務為中心、精通技術的使用者

因為這種用戶非常特別，所以值得一提。這種開發者只對一件事感興趣：解決他們的使用案例。他們甚至可能不認為自己是開發者。他們可能是想要使用你的股價 API 對 Excel 執行計算的財務人員、想要編寫腳本來將簡單的工作流程自動化的 IT 人員，或試著為公司建構網站的商人。這種用戶對破壞性變動特別敏感——雖然使用 API 不是他們日常工作，但他們需要工具與服務的協助，來更輕鬆地使用你的 API，而且他們不會每天關注你的 API 新聞源。

這種用戶對很多公司來說很重要，因為他們的數量比開發者用戶多很多，商人比開發者多太多了。如果你的目標是這種用戶，必須採取相當不同的教育和支援方式。

## 專業開發者

這種開發者希望處理他們的使用案例，並且將你的技術視為完成這個目標的手段之一。專業開發者會根據 API 的適用性與成熟度來評估你的 API，他們會比較你的 API 與其他 API 來確定哪一種比較符合他們的需求。在許多使用案例中，他們是 API 成熟時的主要用戶。

專業開發者比較願意付費使用 API，因為它可以解決用其他方式處理起來很痛苦的問題。他們渴望看到新功能，但是對於 API 的更改不感興趣，尤其是破壞性變動。專業開發者對於穩定性有較高的敏感度，因為他們明白為了配合你的變動而撤回或重寫程式碼所付出的代價。這些開發者使用你的 API 來建構程式的時間很有限，所以他們非常喜歡可以幫助他們輕鬆且快速完成工作的工具與服務。

## 其他的用戶

這種用戶有很多種——試著為機構建立內部解決專案的企業開發者、試著使用你的 API 建構軟體的獨立軟體廠商、實作一種規範的承包商，及其他。他們都有不同的熟練程度、需求與願望。當你的 API 成熟時，你要深入瞭解你的開發者用戶以及他們所屬的各種族群。

以上的案例只是少數的 API 潛在目標開發者類型。有些 API 的目標是硬體開發者，有些是特定領域的開發者，例如行動遊戲開發者。認識你的用戶、他們想要用你的 API 來實作的使用案例，以及他們最喜歡的溝通方式非常重要。本章稍後將更深入地討論這幾種族群。

接下來，我們要討論如何建構開發者關係策略。我們會概述高階的步驟，並提供一些推廣戰術的提示與技巧。

# 建構開發者策略

建構高效的開發者策略有好幾個基本階段，包括區分你的開發者、決定你的用戶是誰，以及定義他的屬性。提出價值聲明，並且闡明為何開發者要使用你的 API／平台也很重要。此外，你也要概述你的開發漏斗，並詳細說明開發者應該採取哪些步驟才能成功地使用你的 API。

接下來的步驟包括對映生態系統目前與未來的狀態，從它目前所處的位置到你將要帶著它邁向何處。接著你要概述你的戰術，例如步驟、資源與行動，來帶領開發者通過漏斗。請記得收集評量結果，以驗證你的戰術是否有效。我們接著來詳細討論這些重要的階段。

## 開發者族群

接下來我們要從各種開發者的案例轉移到更具體的定義上了。你要問問自己：誰是你的用戶？在接下來的小節中，我們要看一下你應該考慮的關鍵屬性。

### 身分

這些開發者如何稱呼他們自己？前端？後端？全堆疊？行動？企業？

更詳細地識別他們有時非常重要，iOS 開發者通常會在會議和活動中與其他的 iOS 開發者聯繫，但通常不像 Android 開發者那樣頻繁地做這些事情。有些開發者，例如 Google 的 GDGs 的成員，會培養出強烈的認同感，但其他的開發者可能沒有那麼緊密的關係。

### 開發者的熟練度

開發者必須具備多少能力才能使用你的 API？有些 API，例如擴增實境與人工智慧的那些，可能需要較陡峭的學習曲線。有些 API 非常簡單，但需要複雜的 OAuth 與安全防護設定。有些 API

針對的目標是高度熟練的開發者，例如遊戲開發者。有些 API 則是針對較廣泛的用戶，例如 Google Apps Script API。

## 選擇的平台

行動開發者與 web 開發者有很大的差異，Xbox 與 PlayStation 遊戲開發者與雲端開發者也有很大的不同，就算在行動領域中，iOS 與 Android 開發者建構 app 的方式也非常不同。瞭解你的開發者所處的平台、那些平台的限制與能力，以及開發者通常有什麼需求很重要。

開發者往往對於平台有認同感，Android 開發者經常會前往 Android Developer Meetups 認識志同道合的同行，瞭解這些事實可以協助你在開發者常去的地方與他們互動，例如前往他們的會議展示你的 API。

## 首選的開發語言、框架與開發工具

你的目標開發者每天使用哪些工具與服務來完成重要的工作？舉例而言，如果你知道他們最喜歡的程式語言有哪些，或許就可以發現你應該投資在哪種 SDK 上。當你考慮為整合開發環境（IDE）開發外掛程式時，知道你的開發者都在使用 Eclipse 是很珍貴的情報。如果你開發者都是某種開放原始碼的狂熱粉絲，這個事實或許會讓你計畫成為那個框架的貢獻者。

## 常見的使用案例與工作

就算你建構的是非常通用的 API，知道你的開發者都想要完成哪些常見的使用案例也非常重要，這可以協助建構你想傳遞給那些開發者的訊息，並且讓你知道如何擴展你的 API 或如何建構額外的工具或服務，以協助你的開發者完成他們的目標。如果你不知道你的開發者試著完成哪些工作或任務，直接去問他們吧！你或許也可以趁這個機會跟他們討論建構這些使用案例的主要挑戰是什麼。

## 首選的溝通方式

如果你想要聯絡你的開發者，這是相當關鍵的資訊。他們有在 Twitter 關注你的 API 新聞嗎？他們比較喜歡收到 email 通知嗎？他們有在活動中聽到新技術嗎？他們會看業界的新聞嗎？你必須設法提供日常新聞與更新訊息，並建立溝通管道，預防你需要緊急聯繫你的開發者。

## 市場規模與地域分布

你必須確定你目前有多少開發者，以及可以參與的市場在哪裡，你也要找出世界上重要的開發者中心，這些資訊有助於決定是否要將內容當地語系化，或舉辦全球性的活動，以及要在哪裡舉辦。

這是一項棘手的工作，取得這些資訊可能很困難或成本很高，有時你可以在一開始先稍微猜一下，等機會成熟時，再做更詳細的分析。

## 現實生活的範例

說明各種用戶族群的各個層面之後，我們來瞭解一下分析各種族群的具體範例。

表 8-1 是 Slack 的開發者族群的情況。

表 8-1 用戶族群

| 屬性 | 說明 |
|------|------|
| 身分 | 企業開發者（又名 IT 開發者、企業工程師、內部開發者）。 |
| 開發者熟練度 | 精通實作商業程序，但不一定精通 Slack 平台。企業開發者習慣使用 SDK 與框架，而不是使用原始的 API。 |
| 選擇的平台 | Windows 與 Linux 腳本，web 開發者，SharePoint 或 Confluence。 |
| 首選的開發語言與框架 | Java，.NET。很多人使用 Amazon Web Services（AWS，例如 AWS Step Functions），有些人與 Slack 整合來報告。有些開發者正在研究 Node.js。 |
| 常見的使用案例 | 內部的使用案例——審核流程（請假、支出、一般）、報告，以及在顧客關係管理系統（CRM）查看客戶，票務系統似乎是最常被請求的使用案例。主要的挑戰在於企業會對它的開發者施加巨大壓力，要求他們實作許多程序。根據他們的說法，目前的解決專案（例如 SharePoint）很麻煩而且很不方便。 |
| 首選的溝通方式 | 企業開發者比較喜歡用 email 接收 API 的重大改變通知。他們會關注 Slack 的 API 部落格，但不會注意 Twitter 摘要。他們主要參加軟體供應企業舉辦的活動，例如 Amazon 與 IBM。 |
| 市場規模與地域分布 | 在 2018 年 5 月，Slack 每週有超過 200,000 位活躍開發者在平台上建構軟體（包括內部整合）。主要的地域分布：舊金山、紐約、東京、柏林、倫敦、西雅圖、班加羅爾。 |

Slack 其實有兩種開發者：app 開發者（建構讓其他團隊使用的
Slack app）以及企業開發者（為他們自己的 Slack 團隊建構內部
整合）。

如同 Slack 範例，你必須細分用戶的族群，因為他們彼此可能有
很大的差異而且需要不同的策略。

這個分析還可能更詳細（在現實生活也的確如此），但我們希望
你可以從中看到有待分析的各個面向，以及你正在尋找的答案類
型。

**專家提示**

許多初創公司認為 "所有人" 是很好的族
群，才不是！就算最受歡迎的 API 也會劃
分他們的用戶族群，將你的開發者用戶定義
成 "所有開發者" 無法提高工作效率。

## 萃取價值聲明

這件事可能很簡單也可能很困難，依你的業務而定。你必須寫下
API 的關鍵價值聲明。為什麼開發者要用你的 API？他們目的是
什麼？你的競爭優勢是什麼？為何開發者要在乎它？

有時各種平台會強調不一樣的優勢。Google 強調 Android 被廣泛
使用，而且 Android 開發者有大量的使用者可以接觸，而 Apple
強調 iOS 具有強大的盈利能力，而且 Apple 使用者比較願意消費。

有些 API 提供更簡單或更具成本效益的方式來做事。Cloudinary
協助開發者即時建立縮圖與調整圖像的大小，Google Vision API
可讓人輕鬆地存取複雜的圖像識別功能。

以下是價值聲明的例子：

*Stripe API*

　　提供更容易且更標準的方式讓你收取線上支付。

*YouTube API*

　　讓你將影片播放器嵌入你的網站，或提供 YouTube 搜尋功能。

*SoundCloud API*

協助你開發讓使用者上傳歌曲，以及在線上分享歌曲的 app。

有些公司會針對不同的開發者族群提供不同的價值聲明，這也是可行的做法。例如，AWS 可以為初創企業快速設計原型，也可以在大型企業推動技術轉型。

你的價值聲明與你的開發者試著實作的使用案例息息相關，如果你不知道你的主要使用案例長怎樣，試著找出它，它可以協助你確定自己的價值聲明。

定義價值聲明之後，你要確認它是否具有吸引力。例如，有間公司聲稱它可以在 10 毫秒之內執行一項操作，而它的所有競爭對手都要花 30 毫秒，雖然這個聲明令人印象深刻，但它的效果有待驗證，因為對經常製作常見的 web 使用案例的開發者來說，這件事可能不太重要──30 毫秒可能已經綽綽有餘了，而且這種效能的改善或許不值得他們改用別的 API。又或者，這可能是實作某些值錢的使用案例的關鍵。

價值聲明與市場 "定位" 不一樣。市場定位指的是顧客對於一個品牌或產品的看法，而價值聲明是具體的，最好是開發者密切關注的事情。在這個階段，你挑選的用詞沒那麼重要，實際的價值才是重點。

許多公司在一開始最常犯的錯誤就是建立許多低價值的聲明。好比，這個產品 "在某些情況下稍微便宜一些" 或 "比較容易用來做 X 事情"。雖然它們都是實際的好處，但你應該盡量想出巨大並且讓開發者信服的價值。

---

### 專家說

你的 API 必須為它建構的產品提供大量的價值，這個價值不一定要與盈利有直接關係，但 API 必須以更好的、更快速的或更便宜的方式做某件事，如果第三方開發者或夥伴想要建構相同的東西的話。

──Chris Messina，Uber 的開發者體驗主管

---

## 定義你的開發者漏斗

開發者漏斗是一種簡單有效的概念，它概述了開發者經歷的旅程，從知道你的 API 到成為熱情且成功的使用者。

圖 8-1 是個開發者漏斗範例。

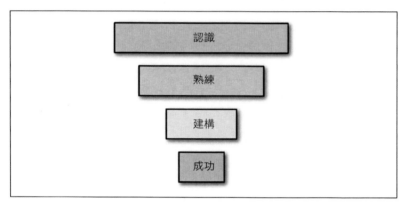

圖 8-1 開發者漏斗

你可以在圖 8-1 看到，開發者數量在漏斗的各個階段會越來越少。你的工作是讓更多開發者進入漏斗，並且讓他們往下移動。我們來討論這些階段：

認識

　　讓開發者認識你的產品是開發者漏斗中重要的第一步。當你建構 API 之後，你要讓開發者認識它獨特且吸引人的價值聲明，這就是開發者漏斗的第一個階段。許多建立了成熟且成功的 API 的組織仍然會努力確保它們在開發者社群擁有極高的可見度。Twilio（一種熱門的 API，提供雲端通訊平台來讓人建構 SMS、語音與訊息傳遞 app）的創造公司仍然在矽谷付費打廣告。

熟練

　　接著，開發者必須知道如何使用 API。他們可以參考你的指南，來瞭解如何建構簡單的 "Hello World" app 或參加全面性的培訓與認證專案（我們會在第 9 章討論）。這個步驟的

目的是讓開發者可以根據文件中的最佳做法輕鬆地使用你的
API。

建構

開發者會在這個階段積極地用你的 API 建構 app。例如，他
們或許還在開發程式，但已經開始積極使用 API 金鑰了。這
是漏斗中很重要的步驟，因為它代表你聲明的價值是正確的。

成功

這件事對每位開發者來說可能代表不同的意義，成功的定義
也會因各個 API 的用途而異。成功使用你的 API 可能代表用
它賺大錢，或超過某個使用門檻。或者，它的定義可能是在
產品中進行交易，甚至是與其他的系統進行整合。你必須確
定對你的 API 以及你的開發者用戶來說成功代表什麼。我們
會在第 157 頁的 "評量結果" 討論如何評量成功。

## 漏斗指標

並非所有的開發者漏斗都有相同的里程碑。有些漏斗可能有 "開
發者註冊" 階段，有些可能有 "開發者簽署條款" 或 "開發者購
買 API"，用這些重要的事件分別標記漏斗的各個階段。你必須
建構你自己的開發者漏斗，並且為你的 API 定義步驟。

無論你在漏斗選擇哪些里程碑步驟，你都要概述這個漏斗，並瞭
解那些步驟的關鍵指標。表 8-2 是一個指標範例。

表 8-2 漏斗指標

| 階段 | 指標範例 |
| --- | --- |
| 認識 | 進入你的 API 網站、註冊接收信件、參加會議 |
| 熟練 | 完成動手實驗、建構有趣的駭客馬拉松專案、建立一個開放原始碼範例、執行 "Hello World" 範例 |
| 使用 | 建立 API 金鑰並使用它、部署樣本 app 並修改它、建立並執行準生產環境 |
| 成功 | 獲利、將程式移往生產環境、獲得使用者、創業、每天積極使用 API 150 次 |

本章稍後會用這些範例來建構策略評量，但你已經可以看到，這些指標開始移動你的開發者策略儀表板上的指針了。

## 規劃目前與未來的狀態

充分瞭解開發者漏斗及其指標之後，你要知道各個指標當前的實際數字。

表 8-3 是可幫圖像加上過濾器的 API 的報告。

表 8-3 關鍵指標狀態報告

| 階段 | 逐月狀態 | 總數 |
| --- | --- | --- |
| 認識 | 在 *api.imagefilters.com* 一個月 500 位個別的使用者 | 迄今為止有 10,000 位個別的開發者 |
| 熟練 | 有 200 位開發者已經通過入門階段了 | 迄今為止有 5,000 位個別的開發者 |
| 使用 | 有 50 位開發者已經換成 Pro 版本了 | 迄今為止有 1,500 位付費的開發者 |
| 成功 | 新的開發者已經處理了 500,000 張圖像 | 迄今為止已經處理了 2.5 億張圖像 |

你可以看到，有些評量結果與開發者的數量有直接的關係，有些與開發者的使用方式有關。在這個範例中，已處理的圖像數量是開發者成功地使用 API 產生的。

有時漏斗指標是衍生的，而不是直接產生的。你可以在表 8-3 看到，在沒有吸收新開發者的情況下，你至少可以影響最後一個數字（迄今為止處理了 2.5 億張圖像）。你或許可以和目前的開發者合作來讓他們更積極使用你的 API。對許多 API 而言這是可行的，而且下一節有些戰術是針對目前的開發者，不是新的開發者。

接著，我們要加入兩個欄位：

市場潛力

  各個指標的長期目標是什麼？

短期目標

  我們在短期想達成哪些目標？

描繪市場潛力需要做一些猜測。有時你很難確定目標市場是什麼，你可以購買市場調查、前往可能有潛在用戶的開發者社群並評估它的規模，或詢問有類似的目標市場的同事。Google、Amazon 與 Facebook 等大公司都會發表開發者數量與使用指標，如果你的目標是同一群開發者，它們或許是很好的基準。當你細分你的開發者用戶時，也可以評估其規模。見第 147 頁的 "市場規模與地域分布"。

知道市場潛力之後，你就可以設定短期目標了，這些目標會影響你在本章的下一節使用的戰術。

我們在表 8-3 加入短期目標與市場潛力欄位，結果如表 8-4 所示。

表 8-4 短期目標與市場潛力的關鍵指標

| 階段 | 逐月狀態 | Q2 目標 | 市場潛力 |
|------|---------|---------|---------|
| 認識 | 一個月在 *api.imagefilters.com* 有 500 位使用者 | 成長到 700 位 | 500,000 位開發者 |
| 熟練 | 有 200 位開發者已經通過入門階段了 | 成長到 400 位 | 250,000 位開發者 |
| 使用 | 有 50 位開發者已經換成 Pro 版本了 | 成長到 70 位 | 150,000 位開發者 |
| 成功 | 新的開發者已經處理了 500,000 張圖像 | 成長到 700,000 位 | 50,000 位開發者 |

# 概述你的戰術

知道目前的狀態以及短期和長期目標之後，接下來要規劃帶領開發者通過漏斗的策略步驟。以下是在之前的漏斗的各個步驟中使用的戰術範例。

### "認識" 戰術範例

"認識" 戰術為了要讓開發者從不認識 API 到認識它，並且希望讓他們積極地使用它。以下是可以提高 "認識" 的行動範例：

- 建構 API 文件網站。
- 在 Facebook 打廣告，促使開發者前往該網站。
- 建立帶有 API／平台標誌的 swag，讓開發者愛上它

- 在大型開發者活動中設立攤位。
- 使用與你的 API 有關的內容來貢獻熱門的開放原始碼專案。
- 在業界新聞機構寫一篇文章。
- 舉辦 Product Hunt 活動。
- 在活動中發言。

### "熟練" 戰術範例

"熟練" 戰術旨在教育開發者如何使用 API，從最基礎到最佳做法。以下是可以促進熟練度的範例：

- 編寫入門以及 API 各個面向的教學。
- 建立可實際操作的程式實驗室。
- 建立範例程式、模板與 SDK。
- 舉辦駭客馬拉松。
- 為開發者創辦認證專案。
- 寫白皮書。
- 舉行網路研討會。

### "使用" 戰術範例

"使用" 戰術旨在促使開發者用 API 來工作、擴展目前的使用案例，並促進新的 API 用途種類。以下是可以促進使用的行動範例：

- 建構註冊系統，讓開發者在那裡管理 API 的使用。
- 設計優惠券或 free-tier 系統來促進工作用途。
- 與合作夥伴一起舉辦設計衝刺活動，來建構產品級的 API 用法。
- 為新的 API 功能執行 beta 專案。
- 執行回饋專案來取得改善用法的方式。

### "成功" 戰術範例

"成功" 戰術可促進開發者達成他們的目標，無論是賺錢、改善他們的生意或技術目標，例如高可用性。有一種實用的策略是讓成功的開發者教導其他開發者他們是如何用你的 API 來成功達成目標的。以下是可以促進開發者成功的活動範例：

- 與選定的開發者一起舉辦行銷活動。
- 與成功的開發者一起編寫文章，分享使用 API 的提示與技巧。
- 在你的開發者網站加入最佳做法章節。
- 舉辦 API 優化研討會。
- 建立頂級開發者專案來介紹成功的開發者，並表揚他們的成就。

以上只是一些開發者關係戰術的範例，在第 9 章，我們會更深入討論如何建構與執行這種開發者專案。你或許會用完全不同的步驟來讓生態系統蓬勃發展，重點在於，當你規劃戰術時，必須具備戰略性思維並且仔細思考。

**專家提示**

人們很容易混淆戰術以及與它有關的步驟。例如，有些人認為他們可以透過駭客馬拉松達來促進開發者成功，但駭客馬拉松的目的其實是提升開發者的熟練度。用錯方法會讓人挫折並降低生產力，請確保你採取適當的行動來推動正確的指標。

或許你最好先不要立刻執行我們剛才列舉的所有戰術。有些行動（例如提供文件以及 API 金鑰的註冊方式）是最低要求，但有許多行動都是選擇性的。接下來，你必須選擇正確的行動來協助達成短期目標。

以下是將目標對映到戰術的開發者關係高階季度計畫範例：

- 提高 5,000 位新開發者的認識度。
  - 一戰術：舉辦開發者市場行銷活動。
  - 一戰術：在主要新聞機構發表兩篇文章。
- 提升 1,000 位新開發者的熟練度。
  - 一戰術：在開發者活動中舉辦兩場研討會，每場 300 位開發者。
  - 一戰術：在開發者網站建立新的首頁，並且使用更好的 call to action（行動呼籲）來啟動他們。
  - 一戰術：建立五個教學來介紹常見的使用案例。
- 促使 40 位新開發者在產品中使用他們的 API 金鑰。
  - 一戰術：與業務人員合作找出 20 位候選人，並且與這些開發者一起執行設計衝刺。
  - 一戰術：與 20 位合作夥伴一起為新的縮圖功能執行 beta 專案。
- 將圖像處理 API 呼叫的數量提升到 150,000 次。
  - 一戰術：與頂尖的五位開發者合作，以提升他們的 API 使用率。
  - 一戰術：與已經成功使用 API 的兩位開發者一起寫一篇文章。

許多公司每一季都會擬定優先順序來選擇最重要的目標與活動。許多機構，例如 Google，都強烈建議以 objective key results（OKRs）格式（*https://rework.withgoogle.com/guides/set-goals-with-okrs/steps/introduction/*）來撰寫這些計畫，它們也發現這種格式很有效。

當你第一次建立 API 時，你的計畫必須是非常簡明的。你必須問問你自己 "開發者必須具備哪些東西才能使用我們的 API？"，這或許包括文件、基本範例，以及開發者著陸頁。隨著時間推移，當你完成所需的最低限度工作之後，就可以開始問你自己 "開發者必須擁有哪些東西才能熟練且成功地使用我們的 API？"

# 評量結果

你已經擬定計畫並開發執行它了,對不對?嗯⋯是的,但我們建議你在開始執行之前還要做一件事。我們最困難的挑戰之一就是將開發者活動與評量結果連繫起來。之前談過目前的狀態與未來的狀態,但你該如何確定你正朝著正確的方向前進,以及你所做的事情是有影響力的?

關鍵在於,當你執行各項活動時,應該仔細思考你想要影響的是哪一個數據,並且在活動結束後評估你是否確實達成目標。例如,在舉辦一項活動時,你可以評估實際操作程式實驗室的開發者人數,並追蹤他們是否變成活躍的開發者。在設計衝刺之後(讓團隊進行腦力激盪與設計解決方案原型的結構化活動),你可以評估合作夥伴是否真的實施了衝刺的建議,因而改善或擴展他們的 API 用法。有些活動較難追蹤,但是試著評量各種活動,並試著評估它們是否真的移動指針非常重要。

表 8-5 是一些關鍵績效指標(KPIs)以及如何將它們與活動連接的範例。

表 8-5 開發者活動評量報告

| 評量 | KPI | 目前 | 目標 | 活動 | 預期影響 | 實際結果 |
|------|-----|------|------|------|----------|----------|
| 開發者認識 | 進入網站 | 10,000 | 100,000 | 在 SXSW 演説 | 5,000 位新開發者 | 7,000 |
| 熟練 | 建立權杖 | 5,000 | 10,000 | 舉辦技術性網路直播 | 5,000 個新權杖 | 3,000 |

你可以發揮創造力設計活動,並研究各種影響 KPI 的方式,但我們建議你保持它們的一致,以便隨著時間追蹤你造成的影響。

**專家提示**

建構繁榮的生態系統就像園藝工作,你無法確定哪個活動在特定的情況下會不會成功。藉著評量、反覆操作與改善活動,你就可以知道哪些活動有影響力,哪些沒有。

# 總結

當你擬定開發者策略時，你必須知道你要評量哪些東西，以及哪些活動會影響你的評量結果與目標。按照本章列舉的程序採取行動可以協助你明確地定義開發者策略，你接下來要做的就只剩下建構與執行它們了。

---

## 專家說

你必須瞭解你的使用者、他們的需求與使用案例，並且相應地調整 API。

與使用者維持公開透明的溝通管道非常重要，它是取得回饋與改善 API 的關鍵要素。你必須好好栽培你的生態系統，請入大量的精力來讓它茁壯、成功。

—Ido Green，Google 的開發技術推廣工程師

---

在第 9 章，我們要討論如何擬定與執行開發者關係專案。我們會討論社群專案與文件，並且從 Facebook、Google 及其他公司的經驗中學習哪些有效、哪些無效。

# 開發者資源

如果沒有人知道如何使用你的 API，把它做得再好都沒有用。當你設計 API 時，應該提供他們賴以成功的教材來指導並啟發開發者。

開發者資源是你應該提供給開發者、讓他們改善 API 用法的一組資產。坊間有各式各樣的開發者資源，每一種都會影響開發者生命週期的不同層面。本章要討論大部分的公司都會提供的主要資源，也會提供一些讓它們產生效果的提示與技巧。

## API 文件

我們先從每一種 API 或平台都需要的基本資源開始談起──文件。

文件是開發者用來瞭解 API 的東西，無論你提供的是一個簡單的 *README* 檔案還是一個完整的網站，你一定要明確地記載如何最有效地使用你的 API。良好的文件有許多不同的面向，它們涵蓋開發生命週期的所有階段。

## 入門

入門指南（Getting Started）是一種常見的教學類型，可以引領開發者從不熟悉 API 邁向初步的成功。通常它都是以完成 "Hello

World"範例來教導的，也就是使用工程業界常見的做法，用程式或 API 來製作"Hello World"來證明成功。API 無法回傳字面上的"Hello, world"，但你可以讓使用者前往一個地方，在那裡成功發出一個 API 請求、打開一個 WebSocket 連結並接收第一個事件，或從 WebSocket 收到一個 POST 請求範例。入門指南會列舉開發者必須採取的、最簡單、最快速的步驟，也稱為 *Time to Hello World*（TTHW）。

對新開發者來說，在 API 網站最上面的中間位置加入入門指南非常重要。簡化與縮短 TTHW 可以大幅促進開發者使用你的 API。

入門指南適合使用簡單的使用案例，如果你有涵蓋多個使用案例的複雜 API，就要擴展初始的指南，或引述其他的文件來擴展它。你可以提供多個入門指南教學，讓每一個教學分別側重不同的面向—例如"建構你的第一個 web app"、"開始儲存你的資料"，以及"使用者身分驗證簡介"。

以下是良好的入門指南的關鍵因素：

不要預設先驗知識

在你的文件中盡量解釋每一個術語（你可以使用網頁連結或彈出視窗來提供特定主題的文獻給使用者。）如果讀者需要具備先決條件，你要提供它們的入門指南文件連結。

不要偏離快樂路徑

假設一切都可以順利地進行，但也要提供問題排除文件的連結，以備出現問題時使用。不要讓開發者因為缺乏答案、在偏移快樂路徑（happy path）【譯註】的情況下陷入困境。

展示輸入與輸出範例

如果開發者需要執行命令列，你要展示使用命令列的範例；如果它有一個預期的結果，你要展示那個結果的螢幕截圖。

你的 API 可能會呼叫許多函式、各種請求類型（POST/GET）與各種回應與參數。展示各種方法的變換以及對應的輸出。

---

譯註：在軟體領域中，happy path 是沒有例外或錯誤條件之下的預設狀況。

試著用範例程式來展示最簡單的 API 用法

如果不會太長或太麻煩的話，提供範例來展示程式碼的基本用法。

在結束時做行動呼籲，並提供參考資料的連結

不要讓開發者裹足不前，務必指出一個方向或資源，來協助他們擴大知識。

---

## 專家說

正確的 API 設計會建立吸引人且愉快的開發者體驗，但是經過深思熟慮的入門流程對開發者立刻瞭解 API 的運作方式並且在這個基礎上快速開始建構程式至關重要。例如，動態與個人化的 Stripe 開發者文件提供了客製化的範例程式，讀者可以快速地將這些範例加入既有的 app，我們也為熱門的程式語言提供了第一級程式庫。Stripe 謹慎地定義 API 端點、參數、資料模型與錯誤訊息，讓它們在各個平台上都是一致的。開發者支援也是產品體驗的核心，我們會盡量在一小時（或幾分鐘）之內回覆開發者。我們相信這些接觸點產生了優雅的 API 設計，可確保開發者的成功，並且以指數級速度改善他們的工作效率。

回顧過去 10 年，在網路上創業與收取費用是非常困難的，當時，單單為了收取費用，你就必須建立內部解決專案、建立商家帳號，並且閱讀上百個文件網頁，別無他法。在 Stripe，我們認為付款這個問題的根源在於程式，而不是金融。我們的 API 設計可讓開發者在幾分鐘之內接受世界各地的付款、使用任何付款方法。

—Romain Huet，Stripe 的開發技術推廣部主管

---

# API 參考文件

這是文件中非常技術性的部分，或許可以用 Swagger 之類的工具來自動完成。圖 9-1 的參考文件詳細說明所有 API 方法、它們的輸入與輸出參數，以及它們可能回傳的錯誤。

**New Twitch API Reference**

| Resource | Endpoint | Description |
|---|---|---|
| Bits | Get Bits Leaderboard | Gets a ranked list of Bits leaderboard information for an authorized broadcaster. |
| Clips | Create Clip | Creates a clip programmatically. This returns both an ID and an edit URL for the new clip. |
| Clips | Get Clips | Gets clip information by clip ID (one or more), broadcaster ID (one only), or game ID (one only).<br><br>The response has a JSON payload with a `data` field containing an array of clip information elements and a `pagination` field containing information required to query for more streams. |

圖 9-1 Twitch 的 API 參考文件

參考文件必須是全面且完整的。不要擔心重複列出常見的東西，因為這類文件不是要讓人依序閱讀的。例如，如果有一種錯誤會出現在兩個方法之中，你就要在那個兩個小節裡面重複說明錯誤及其原因，因為開發者不一定會從頭到尾閱讀文件中的每一個 API 端點。參考文件也是放入 API 用法範例的好地方，甚至可以加入內建的 API 測試器，讓開發者可以用 API 來試驗。我們會在第 175 頁的 “沙盒與 API 測試器” 更詳細地說明 API 測試器。

因為使用者通常會透過 Google 搜尋或你自己的內部搜尋功能前往這些網頁，你最好將每個 API 方法放到各自的網頁，以提升它們的發現率與易用性，此外，這種做法也可以讓你有更大的彈性在必要時提供更多細節。

好的參考文件會用單一網頁來提供關於某個 API 呼叫或功能的任何資訊來讓開發者知道，並且用連結來提供其他實用的資源。

# 教學

在這個文件部分，你要為 API 的各個面向提供分步（step-by-step）說明，如圖 9-2 所示。例如，你可以寫一篇關於安全防護或速率限制的文章，在一開始先討論 API 複雜的部分再繼續討論較簡單的東西（如果你的頻寬夠用的話）。

## API tutorials

These tutorials aim to help you get the most from your experience developing on Shopify's API.

- **Building an application** – If you've never built an app before, this tutorial will walk you through code examples of what is required to authenticate and make basic API calls.

- **Building a Node.js application** – Use Node.js and Express to build an app that connects to a Shopify store, requests a permanent access token, and makes an API call to the authenticated shop endpoint using that access token.

- **Adding billing to your app** – Use Shopify's Billing API to charge users for your app.

圖 9-2 Shopify 的 API 教學

**專家提示**

此時的最佳做法是與你的支援團隊合作，問他們哪些主題的問題最多，你可以使用這些資訊來建立對用戶來說最困難的主題的課程。定期做這件事可以確保你將高發生率的問題列入文件。

當你更新 API 時務必記得更新教學，否則它們可能產生誤導，無法成為指引開發者的資源。你也可以根據詮釋資料來排序它們，例如在教學中使用的程式語言，讓開發者更容易找到他們需要的東西。

---

### 專家說

我覺得區分教學最有用的做法是使用 "如何用 X 做 Y" 這種標題： "如何用 Apache 與 mod_security 保護你的 app" 或 "如何在 QuickBasic 中編寫機器人"。

—Taylor Singletary，Slack 的主要內容作者

---

# 常見問題

同樣的，收集常見問題（FAQ）並且盡你最大的能力回答它們。記得將問題與答案普遍化與匿名化。FAQ 文件的格式很簡單：用粗體列出問題，並在下面列出答案，如圖 9-3 所示。喜歡的話，你可以分別在它們前面加上 "Q:" 與 "A:"。

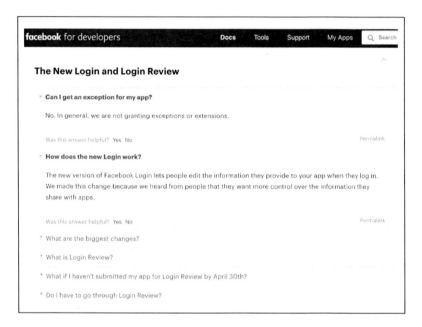

圖 9-3 Facebook API FAQ 網頁

收集常見問題的方法很多，包括以下幾種：

- 每月與支援團隊開會，問他們最常見的問題是什麼。
- 瀏覽 Stack Overflow，查看與你的 API 有關、最多人投票的問題。
- 詢問合作夥伴及業務團隊最常聽到哪些問題。
- 請開發者按照 FAQ 網頁的格式來送出問題，將他們將問題加入你的 FAQ。

# 著陸頁

這是開發者查看你的文件網站時第一個看到的網頁。它通常有以下的部分：

- 簡單地解釋 API 的目的（見第 148 頁的 "萃取價值聲明"）介紹開發者可能實作的使用案例或 API 可提供的關鍵價值。
- 引導開發者進行後續步驟的行動呼籲。閱讀 "入門指南" 是很棒的行動呼籲，你可以提供前往入門指南的連結。
- 前往重要資源、範例與工具的連結，本章稍後會討論它們。

開發者著陸頁有兩種用途：歡迎並加入新的開發者，以及提供資源與後續支援給回訪的開發者。你也可以和你的行銷或設計團隊合作，為這兩種用戶設計網頁，使它更具吸引力。

這個網頁非常重要，因為它提供 API 的第一印象。開發者會瀏覽這個網頁，看看 API 是否符合他們的需求，當他們找不到想要的東西時就會立刻離開。Slack 改了好幾次著陸頁，每一次都改善它的不同層面。Google 花了好幾週的時間研究如何優化它的開發者門戶。Stripe 設計的文件著陸頁很棒，如圖 9-4 所示。

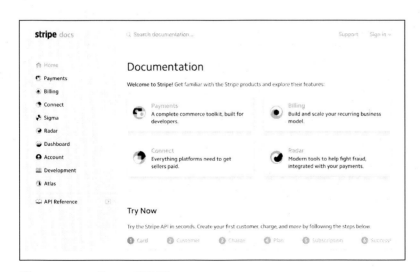

圖 9-4 Stripe 的 API 著陸頁

**專家提示**

讓你的著陸頁與其他重要的網頁可被
Google 等搜尋引擎輕鬆地找到，它是開發
者最常用來尋找你的網站的方式。

# 變動日誌

隨著 API 的發展與成熟，我們建議你在開發網站放上變動日誌，
提供關於 API 更新、即將發生的破壞性變動的細節、安全防護與
服務變動通知等消息。

**專家提示**

GitHub Releases（*https://help.github.com/
articles/creating-releases/*）可用來輕鬆地建
立變動日誌，請研究 Releases API 來進一
步瞭解細節。

你可以在網頁加入 RSS feed 讓開發者訂閱變動日誌，在你更新
它時通知他們，用最簡單的方式為開發者建立管道，讓他們瞭解
API 的最新狀況，如圖 9-5 所示。

你也可以用 email 或透過 Twitter 來發表程式碼的變動，如果你
想要採取這種聯繫方式的話。但是使用專門的網頁讓開發者看到
自從上次造訪以來的所有 API 變動也是很好的做法。請記得，第
8 章談過，不同的用戶喜歡不同的溝通方式。

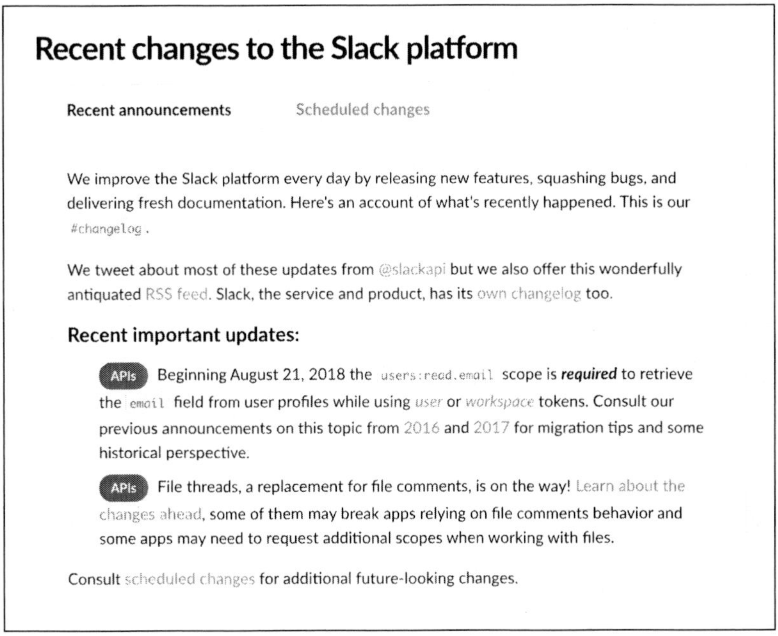

圖 9-5 Slack API 變動日誌

# 服務條款

服務條款（ToS）是描述 API 合理用法的文件——哪些是被允許的，以及更重要的是，哪些是不允許的。這個文件對想要瞭解他們的使用案例有沒有受到支援的開發者來說相當實用，但對於身為 API 開發者的你而言也很重要，因為它可讓你設定 API 的使用邊界。ToS 是採取行動防止別人濫用 API 的警戒線。如果開發者不知道哪些行為被允許、哪些不行，他們就很難知道如何在你的平台扮演一位好公民。

你應該請法律顧問編寫 ToS，或至少請他們審查它。這份文件應該定義這些事項：

速率限制

見第 6 章關於速率限制的說明。

資料持有原則

開發者從你的 API 取得資料之後，可以使用多久，以及如何使用？

隱私原則

開發者可以用個人識別資訊（PII）來做什麼事？他們可以和誰共用這項資訊？

不允許的使用案例

你的 API 可以用於商業使用案例嗎？可以用於成人或博奕使用案例嗎？

API 許可

開發者可以轉售你的 API 嗎？他們可以在他們的 API 中使用它嗎？它是免費的嗎？

額外的要求

開發者要在他們的 app 中顯示隱私確認文件嗎？你可能還要在 ToS 中加入許多其他的東西。你一定要在 ToS 聲明你保有更改條款的權利。隨著生態系統的成長與 API 的發展，你往往需要修改 ToS 來適應新的情況。

當你和濫用 API 的開發者溝通時，應該指出他們違反 ToS 的哪個部分，並與他們合作，使他們符合規定。

**專家提示**

記住，為了讓 ToS 發揮效果，你要用簡短的文字來敘述，它是你真心希望開發者閱讀與瞭解的法律文件，不是儀式性的確認步驟。

# 範例與程式片段

提供範例程式與程式片段是改善開發者使用 API 的技巧與工作效率的好方法。你可以在範例中加入最佳做法（例如效能與安全防護的），讓開發者較不容易錯用或濫用 API。

## 範例程式

範例程式有各種形式，但它們的基本目的都是提供 API 用法的參考範例讓開發者瞭解。你要在範例中使用開發者最常用的程式語言。範例程式必須是易懂的，且含有許多註釋，來引導開發者瞭解程式並解釋 API 的用法。

就算你只提供一個範例程式，它對所有背景的開發者來說都很有價值，但是它必須有一致性，並且採取核心開發原則。PHP 與 Node.js 很適合用來編寫 web API 的範例，因為它們不需要參考任何額外的框架，很容易讓人把焦點放在請求與回應循環上面。

**專家提示**

與教學與文件一樣，你也必須維護範例程式式，當 API 改變時，你也必須更新所有的範例。

大多數的範例程式都試圖處理 API 的單一使用案例，例如傳送訊息、取得事件或進行付款。有些範例則是示範如何整合 app 的各種面向，例如描述如何將通過身分驗證的請求送往一個 API，或結合兩個請求的回應來完成一項工作。

參考 app 是另一種類型的範例程式。這種範例程式的目的是處理一種商業使用案例，而不是展示特定的 API 功能。開放原始碼的 Google I/O app 是一個很好的例子，Google 已經發表它很多年了；另一個好例子是 Twitch 在它的樣本中建立的聊天 app。

參考 app 主要的挑戰是如何讓它們容易被人閱讀、使用，又不會與使用案例有過度密切的關係。如果你為了這種 app 的使用案例而過度優化它，開發者就很難從它學到東西，以及推論他們需要使用哪些功能來完成自己的使用案例。

# 程式片段

程式片段是放在教學、參考文件或 FAQ 答案裡面、與上下文有關的簡短範例程式。程式片段不應該超過 10 行，它必須既簡短，又容易閱讀。

與範例程式不同的是，程式片段是完整程式的一部分，你不需要在程式片段中宣告變數或加入 import。程式片段就像是從範例程式剪下並貼到文件的一段程式，如圖 9-6 所示。

```
12 function impostaCookie (nome, valore, percorso, scadenza) {
13     valore=escape(valore);
14
15     if (scadenza == "") {
16         var oggi = new Date();
17         oggi.setMonth(oggi.getMonth()+6);
18         scadenza=oggi.toGMTString();
19     }
20     if (percorso!="")
21         percorso= ";Path=" + percorso;
22
23     document.cookie = nome + "=" + valore + ";expires=" + scadenza + percorso;
24 }
25
```

圖 9-6 程式片段

因為程式片段比較簡短且容易製作，我們建議你用多種程式語言編寫它，方便開發者將它剪下並貼到他們自己的程式裡面。

有一個好方法就是在文件中使用互動式語言切換器讓開發者選擇他們首選的程式語言，如圖 9-7 所示。

圖 9-7 Firebase 的範例使用了語言切換器

# 軟體開發套件與框架

開發者有各種不同的專業程度，他們不一定都能輕鬆地直接使用 web API。如第 113 頁的 "開發者 SDK" 所述，建構軟體開發套件（SDK）與框架是讓他們更容易使用 API 的好方法。優良的 SDK 或框架有另一個好處：你可以直接將最佳做法與安全防護評量放入裡面。建立這些樣板程式區塊可讓開發者免於自行實作這些最佳做法。

## 專家說

良好的 API 都有所有語言、平台與編寫樣式的 SDK。我學到的教訓就是，你必須為極端的使用案例做好準備，並確保你的 API 可以滿足顧客的需求。

—Ron Reiter，Oracle 的資深工程總監

# SDK

SDK 是在 API 上面的一層薄抽象層。它們讓開發者可以使用程式庫，而不用發出原始的 API 呼叫。開發者可以下載或參考 SDK 程式庫，並呼叫 SDK 的功能來建構他們的商業邏輯。

許多公司都會用 SDK 來包裝它們的 API，而且許多開發者比較喜歡使用 SDK，而不是直接呼叫 API 方法，因為處理與發出 web 請求會引入固有的複雜性。

SDK 的介面必須容易閱讀且良好地文件化，但 SDK 的內部不一定要滿足這些需求。你可以優化 SDK 程式庫的內部，甚至混淆（obfuscated）【譯者】與縮小它。

你也要用開發者使用的程式語言來提供 SDK。SDK 與範例程式不一樣，它們比較不可攜，當它們不使用用戶的程式語言時，基本上就毫無用處。

請記得，你必須在推出 SDK 之後持續更新它，重點是在你做 API 更新時，也更新 SDK。你應該假設開發者會重度依賴你的 SDK，如果你不更新它，他們將無法使用新平台或你剛剛推出的 API 功能。

**專家提示**

你一定要將 "評量 SDK 的使用情況" 與 " 評量 API 呼叫" 這兩件事情分開，建構與維護多個 SDK 既高昂且費力，觀察使用數據可讓你知道你究竟要不要繼續把資源投資在 SDK 上面。

你可以使用 Swagger 之類的工具來自動產生 SDK。使用這些工具時必須做一些基本工作（例如在 API 中加入詮釋資料），但是它可讓你輕鬆且高效地產生多種程式語言的 SDK。

---

**譯著**：程式碼混淆是將程式碼轉換為功能一樣，但是難以閱讀和理解的形式。

---

要瞭解更多關於 SDK 技術層面的資訊，見第 6 章。

# 框架

框架是有時需要在 API 上面額外添加的抽象層，它藉由提供比較
接近使用案例的功能來讓開發者更容易使用 API 方法，並且進一
步隱藏 API 的複雜性。

Botkit 框架就是其中一個好例子。Slack 最初發表的 API 提供了
讀取與編寫訊息的基本功能，雖然這些功能是經驗豐富的開發者
在建構 Slack app 時需要的，但它無法讓人方便地建構對話介面
與機器人，開發者必須處理複雜的使用案例，例如要求使用者在
Slack 裡面提供輸入，並且等待答案透過 API 傳回。

Botkit 團隊開發了一個開放原始碼的框架，封裝了那種功能，並
且把使用案例的複雜性包在一個簡單且易用的程式庫裡面，如
範例 9-1 所示。使用 Botkit 框架的開發者可以把那些程序交給
Botkit 處理，更輕鬆地編寫具有挑戰性的使用案例。

範例 9-1 *Botkit 框架程式片段*

```
controller.hears(
    ['hello', 'hi', 'greetings'],
    ['direct_mention', 'mention', 'direct_message'],
    function(bot,message) {
        bot.reply(message.'Hello!');
    }
);
```

如範例 9-1 所示，開發者表示他們希望使用 mention、direct
mention 或 direct message 聽到（*hear*）hello、hi 或 greetings，
他們收到的回復是 Hello!。如果沒有 Botkit 框架，這段程式將
會複雜許多。使用 Botkit 時，開發者只要定義商務程序，框架就
會負責處理其他的事項。

有時你不需要提供獨斷的框架，如果你的 API 既簡單且直觀，或
許可以減少維護成本，只要提供範例程式或 SDK 即可，將額外
的複雜性留給開發者處理。你也要考慮開發者的熟練度，進階的
開發者可能不需要用框架來處理複雜的使用案例。

如果你有正確地維護框架與 SDK，它們可提供更輕鬆的 API 升
級與遷移途徑。身為 API 開發者的你可以將 API 的變動抽象化，
讓開發者的舊程式持續正常動作。如果你讓開發者只需要將 SDK
或框架換成新版本，破壞性變動造成的負面影響就會減少。加入
新功能也是如此：你要讓開發者只需要將舊的 SDK 或框架換成
提供新功能的新版本，就可以輕鬆地使用同樣的模式來使用新的
API 呼叫。

當你建構 SDK 與框架時，必須讓開發者可在你的網站中發現與
使用它們。我們建議你把 SDK 與框架放到 GitHub 等程式存放
區裡面，讓開發者可以從程式中獲得靈感、回報 bug，並且在需
要時做出貢獻。要更深入瞭解這個主題，見第 178 頁的 "社群貢
獻"。

# 開發工具

在開發者眼中，API 非常容易變成一個讓他們氣急敗壞的黑盒
子，提供正確的工具可以大大地協助開發者解決他們自己的問
題。我們很難廣泛地指出你的 API 需要哪些工具，每一種 API
都有不同的挑戰。我們討論過，開發者有一些共同的痛點，但你
必須分析與瞭解開發者的需求與痛苦，來定義你的服務專屬的工
具。

## 除錯與問題排除

在第 4 章,我們討論了如何讓錯誤具備意義,讓開發者更容易瞭解請求的失敗究竟是因為他們做錯事,還是因為系統的問題。但是就算提供有意義的錯誤,開發者仍然可能難以知道他們的請求如何與為何失敗。

這就是提供工具給開發者對他們的 API 呼叫進行分析、除錯與故障排除的原因。

你可以提供很簡單的除錯工具,例如用一個 web 網頁讓開發者看到與他們的 API 呼叫有關的 log,也可以提供很複雜的除錯工具,例如整合到開發環境內的逐步除錯器。通常前者已經足以解決大部分的問題了。

## 沙盒與 API 測試器

沙盒與 API 測試器可讓開發者快速測試與確認他們是否正確地使用 API。沙盒讓開發者有個安全且隔離的環境,例如,他們可以用 API 隨心所欲地刪除或修改一個模擬的圖像清單,而不需要擔心改變產品的資料。API 測試器通常作為 API 文件的一部分來提供,可讓開發者測試 API 呼叫(有時使用即時資料)。Google 提供了一種非常全面的 API 測試服務,稱為 APIs Explorer,圖 9-8 是 API 測試網頁範例。

圖 9-8 Google 的 APIs Explorer

注意，在 APIs Explorer 裡面，開發者不需要用程式碼來發出 API 請求，他們只要提供有效的輸入參數就可以了。

## 豐富的媒體

學習技術性知識有很多種方法，有些人喜歡閱讀，有些人喜歡用聽的，有些人喜歡看影片。雖然有許多開發者比較喜歡教學文章與文件，但透過短影片、網路研討會、直播 Q&A 對談等方式來吸引、教育開發者的趨勢已經越來越明顯了。

## 影片

影片是介紹新技術、提供一般性的最佳做法，或深入討論一項主題的好方法。

近年來，影片的製作已經沒有那麼困難了，大部分的手機與數位相機都可以製作高解析度的影片。許多開發者關係人員甚至會在溫暖舒適的自家製作教學影片。

雖然建立與編輯影片越來越容易，但製作高品質的影片有時也是既昂貴且困難的：你需要專業的設備、大練的練習，以及好幾次的彩排。Google 有一個完整的團隊專門負責編輯與製作影片。並非每位開發者關係人員都適合在這些影片中進行展示，站在鏡頭前面演練複雜的內容需要一定的技巧，尤其是站在綠幕前和看不到的內容互動時。

**專家提示**

短影片的效果最好。長度超過兩分鐘的影片觀看率往往會大幅下降。

如果你可以接受中等品質的影片，錄製會議影片是很棒的起點。當你在活動中做演講直播時，可以記錄那場會議，並且把它放在網站讓別的開發者觀看。

# Office Hours

office hours（直譯為 "辦公時間"）是一段用來回答問題與幫助開發者使用 API 的時間，它是回答開發者問題的絕佳資源。

Slack Developer Platform 的規模在剛成立時非常小，當時團隊成員無法接觸希望在平台上接受一對一訓練的所有開發者，所以決定推出每週都會舉辦的線上 office hours。開發者與夥伴可以使用 Slack 提供的公用視訊通話連結加入 office hours 並提出問題。因為這種會議有多位參與者，所以它有一個附加價值就是每個人都可以從彼此的問題中學習新知。

## 網路研討會與線上培訓

網路研討會是透過網路教育開發者的好方法。事實上，有些開發者比較喜歡這種學習方式，因為它的合作程度比較高。在網路研討會上，講師會透過線上工具（例如 Zoho）介紹主題，並邀請開發者加入訓練課程。這個演說會廣播出去讓觀眾觀看，有時附有螢幕共用或影片。在網路研討會結束時（有時在網路研討會期間），開發者可以詢問關於內容的問題讓講師回答。

# 社群貢獻

雖然本章列舉的所有資源都很適合用來教育、訓練與吸引開發者
使用 API，但建構這些資源是很艱巨的任務，需要時間和金錢。
但別怕！有些資源是可以交給使用你的 API 的開發者組成的社群
建立與維護的。

擁有一個蓬勃發展的社群有一個好處在於它的成員們會自發性地
貢獻內容與產生資源。開發者會編寫教學、創作影片、分享範例
程式，與回答問題。以下是在真實世界中這些貢獻的案例：

- Google 與社群的主要成員（稱為 Google Developers
  Experts）合作創作所有東西，包括影片、演說及範例程式。
- Slack 以一致的做法管理開放原始碼 SDK、接受 bug 修復
  與修補程式。它也在它自己的開發者網站上列出社群文章。
- 行動開發者會在世界各地碰面，分享他們的見解，並互相
  訓練。例如，在以色列的特拉維夫，有一組社群成員建立
  了一個志工課程，稱為 Android Academy，教導新開發者
  建構卓越的 Android app。
- Twitch 用公共論壇讓開發者討論他們完成的作品、彼此支
  援，以及向 Twitch Developer Experience 團隊提供回饋。

世上幾乎所有 API 都曾經從社群得到某種程度的貢獻。不過請記
得，你仍然要提供基本的文件，因為在草創階段，社群的貢獻是
很小的。你應該將社群的貢獻當成作品的補充品，而不是替代物。

**專家提示**

當你使用社群貢獻的內容時，記得感謝貢獻者。他們無私地為你工作，為此感謝他們是天經地義的事情，此外也可以激勵其他想要做出貢獻的人。

當你擁有足夠的文章與範例程式之後，在開發展網站成立一個社群貢獻專區是提升開發者能力的好方法。記得，維護社群的貢獻度是一個很重要的議題，當你改變你的 API 時，請與你的貢獻者合作修改他們的內容，或明確地說明各種貢獻適合的版本。

# 總結

開發者資源可為你的 API 附加一層美妙且重要的價值，如果沒有開發者資源，你的用戶就需要猜測如何使用你的 API，或許會誤用它，或者出現更常見的情況——完全不使用它。

本章列舉常見的開發者資源，並提供如何建構它們的提示。請記得，每一種 API 都是不同的，你的開發者需要的可能是這裡沒有談到的其他資源，請與你的開發者保持密切的聯繫、以同理心對待他們，並促使你的社群建立一個自我維持的生態系統。

第十章將討論如何設計一個促進生態系統蓬勃發展的開發者專案。

# 開發者專案

你已經建構了促使開發者使用你的 API 或平台所需的基本資源了，對吧？可能還沒有。我們在第 8 章談過，促使開發者通過漏斗並協助他們認識、熟練、投入與成功使用你的 API 是一個持續的過程。就算已經受到廣泛使用的 API，例如 Amazon 與 Google 所提供的、最常用的那些，都需要它們的開發者關係團隊持續不斷地採取行動，開發者專案是每個開發者關係與生態系統的核心與靈魂。

## 定義你的開發者專案

開發者專案是協助與促使各種規模的開發者用你的 API 建構解決專案並且與你的 API 整合的行動。大部分的公司都會讓它們的開發者關係與行銷團隊提供多個開發者專案。為了定義你需要執行的開發者專案，你必須執行廣度與深度分析。

## 廣度與深度分析

大部分的開發者生態系統都是由一些大型的參與者和許多中小型的參與者組成的，如圖 10-1 所示。我們來考慮一下關於行動生態系統的下列事項：我們有一些大型的行動 app 開發者（Uber、Lyft、Facebook、Supercell 等等）以及許多在小型行動 app 開發公司裡面工作的 app 開發者。

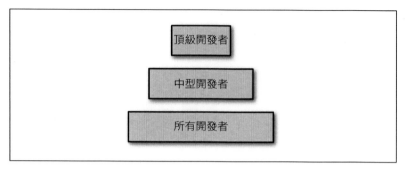

圖 10-1 開發者階層

開發者（以及開發者專案）可以用兩個軸來分類，如圖 10-2 所示：

深軸

> 深度開發者用戶代表 API 的頂級夥伴或頂級用戶，你需要花更多時間與這些頂級夥伴與用戶溝通來讓他們使用它。這個軸的專案只會與少數開發者互動，這些開發者對你的生態系統有很大的影響力，但是對 API 的要求很高。

寬軸

> 寬度開發者用戶包括使用你的 API 來開發的中小型公司，其中也包括出於非專業原因而使用你的 API 來開發的業餘愛好者與學生。這個軸上面的開發者對生態系統的影響力較小，但他們結合起來可能會對你的生意產生很大的影響力。

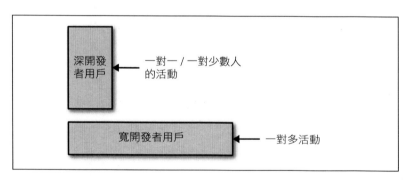

圖 10-2 深與寬開發者用戶

接下來的小節將詳細地說明針對這兩種用戶的開發者專案。

# 深開發者專案

深開發者專案試著促使少數的大型用戶或夥伴使用你的 API。這些夥伴有時要用很大的精力才能吸引他們參與。許多 API 與平台提供者都有專門與這些頂級夥伴打交道的獨立開發者關係專家團隊,稱為夥伴工程師。他們的任務就是與這些重要的用戶合作,創作示範性的 API 大型使用案例。

我們來看一下這種團隊執行的專案種類。

## 頂級夥伴專案

頂級夥伴專案的目標是找出 API 的頂級使用者,或潛在的頂級使用者,並接觸他們,使他們建構與使用你的平台。這個工作通常是從使用案例分析開始的,在這種分析中,你要列出 API 的頂級使用案例,並找出每一個案例對映的頂級夥伴。

例如,假設你的 API 可以調整圖像大小、過濾圖像,或是對圖像做其他的操作,這個 API 可以接收原始圖像以及轉換參數,並回傳修改過的新圖像。這種 API 的頂級使用案例是什麼?我們列出幾個:

製作縮圖與改變大小

> 網站開發者想要讓使用者製作他們的商品縮圖,並讓他們按下縮圖來查看較大的圖像。

浮水印

> 開發者或許會在圖像加上浮水印,原因可能是為了防止濫用,或強制顯示品牌。

行動優化

> 行動開發者想要壓縮圖像供行動 app 使用。

此外還有許多使用案例,但是我們現在先處理這三種。我們按照市值或任何其他對商業而言很重要的標準來列出這些使用案例的頂級開發者。見表 10-1 的清單。

表 10-1 各種目標使用案例的頂級開發者夥伴

| 縮圖與調整大小 | 浮水印 | 行動優化 |
| --- | --- | --- |
| eBay | Getty Images | Snapchat |
| Amazon | Shutterstock | Instagram |
| CNN | iStock | Lightroom |

真正的夥伴清單通常都比上面的範例大，也會更詳細地指出開發者是否已經可以使用 API 了、他們是否進入漏斗，以及他們對業務的影響。

如果你的 API 可以支援的使用案例太多了，你也可以執行類似的分析，但是把重點放在產業而不是使用案例上。有時列出各個產業的頂級公司比列出各個使用案例的夥伴還要容易。表 10-2 是採取這種做法的情況。

表 10-2 各個產業的頂級開發者夥伴

| 汽車圖像 | 廣告 | 社群網路 |
| --- | --- | --- |
| Ford | WPP Group | Facebook |
| Honda | Omnicom Group | Twitter |
| Tesla | Dentsu | Snapchat |

使用目標使用案例或產業列出夥伴之後，你必須與各個夥伴接觸（與銷售業務或業務開發人員合作），與他們建立關係，並支援他們使用 API。有時這種行動稱為白手套行動，因為這些活動依各個夥伴而異—有些夥伴需要許多現場支援，有些需要設計或結構方面的說明，有些在一段時間內只需要問一個問題。因為這些活動都是一對少數人的，也就是由一位工程師與一些選定的開發者合作，所以這些行動更容易符合開發者的需求

# Beta 專案

當你開發 API 時，必須讓頂級開發者使用你的新功能、提供關於新功能的回饋，而且讓他們在你將新的 API 功能發表給一般用戶時一起推出新功能，如第 4 章與第 5 章所述。

**專家提示**

與已經使用新功能的頂級開發者一起推出新
功能是常見的最佳做法，這種做法可讓整
個開發者群體看到頂級開發者也相信你的新
API 並且覺得它很實用。

如果你看過 Google I/O、Facebook F8 或任何大型技術活動的主
題演說，可以發現每一個新功能都伴隨著一頁簡報或一段影片，
展示已經有許多開發者利用 API 做出很棒的創意產品了。這是搶
先體驗活動（early access）與夥伴專案產生的成果。

以下是 Slack 執行這項專案的方式：

1.  **構思.** 在發表新的 API 功能之前大約兩個月，將工程、產品管
    理、行銷、開發者關係與業務開發人員聚集起來，研究誰是他
    們的頂級開發者，在這個階段結束時，他們會得到一個清單，
    列出頂級開發者以及想要和他們合作的使用案例。

2.  **召募.** 開發者關係工程團隊與業務開發團隊一起聯繫夥伴，並
    邀請他們加入 beta 專案，一起製作新功能。他們會提供一些
    新功能的模型、關於如何使用的介紹，以及發表的時間表給夥
    伴。在這個階段結束時，Slack 的團隊會得到願意執行這個專
    案的合作夥伴清單。

3.  **新手上路.** 接著每個頂級開發者都會收到新 API 的規格，以及
    文件的草稿，它是內容團隊建立的初始文件。在這個階段結束
    時，Slack 通常會向夥伴收集關於規格與功能的回饋。

4.  **聯合建構.** 在接下來一個月左右，Slack 的人員每週與頂級開發
    者開一次會，確保他們能夠解決問題、修正 bug，並且讓他們
    針對設計與實作方面提供回饋。在這個階段結束時，他們會得
    到 2 個到 5 個很棒的整合產品與新 API 的用法。

5.  **準備發表.** Slack 讓雙方的行銷人員一起製作聯合發表所需的素
    材。Slack 也會發表部落格文章、收集新聞發表會的標誌與引
    言等等。在這個階段結束時，Slack 已經做好發表的準備了。

6. **發表日**. 在發表日，Slack 團隊會在 "戰情室"（或者，Slack 稱為 "peace room"）集合，與夥伴協調（透過 email 和 Slack）何時發表新聞稿，以及他們與 Slack 平台整合的產品。

執行良好的 beta 專案不但可以確保有一群成功的夥伴可以和你一起發表，也可以確保在發表的時候有更好的 API。beta 夥伴是很棒的測試、驗證 API 的價值，並取得回饋的好對象。

**專家提示**

對某些開發者來說，你的專案的優先順序可能排在後面，可能會導致他們延遲或取消參加專案。為了確保 beta 專案的成功，你必須與 beta 開發者密切接觸，並且定義一個良好的期望以及達成一致的目標。務必與多組夥伴合作，以免將所有雞蛋放在同一個籃子裡面。

---

**專家說**

最好的 API 得到的照顧都與企業最重要的其他產品一模一樣：它們會受到支援、維護、改善與修改，來符合顧客需求與期望的變動。API 團隊必須領先顧客的需求，預測哪裡會出現新需求，以及哪裡會出現這個市場的競爭威脅。當你告訴自己：使用者已經無法擺脫你、已經與你 "密不可分" 的時刻，就是你開始失敗的時刻。

—Chris Messina，Uber 的開發者體驗主管

---

# 設計衝刺

設計衝刺（*design sprint*）（*https://www.gv.com/sprint/*）是與開發者一起進行設計、製作原型與測試想法來回答關鍵產品問題的活動。雖然你可以和開發者一起做很多不同的事情，但設計衝刺應該是我們最喜歡的項目之一，它也是可以和頂級開發者一起找出有哪些東西可以用你的平台或 API 來 "建構" 的有效活動

之一。我們已經在 Google 和 Slack 與頂級開發者一起舉辦多次的設計衝刺了。一場設計衝刺可能需要幾個小時甚至好幾天的時間。坊間有些書籍與課程詳細教導設計衝刺，以下是高層次的步驟：

瞭解

與開發者合作，向他們解釋你的 API 的功能，並且讓他們教你他們的技術。邀請商務利益關係者指出你們共同的商業目標，並且邀請共同的使用者指出他們的主要痛點與需求。帶著設計、產品與工程代表一起開會。

定義

明確地定義你想要處理的問題。你想要處理的開發者需求或痛點是什麼？不要把焦點放在解決方案上，只要定義你想要解決的問題是什麼就可以了。

分散

在這個階段，讓設計衝刺的每一個成員針對問題提出 6 到 8 個設計解決方案。這個階段的目的是安靜地針對想法與設計做腦力激盪。參與者要將每一個想法扼要地寫在便條紙上面並且折起來。

決定

分析各種想法，並選擇你想要實作的那一個。你可以讓團隊透過風險 / 利益分析，比較各種解決方案的困難度與它對最終顧客來說有多大的價值來投票選出最佳想法。

設計原型

花時間設計解決方案的原型——它可以只是個模型，或是可運作的擬真原型。這個階段的關鍵是做出足以讓最終顧客試用並提供回饋的東西。

驗證

讓最終顧客試用原型並提供回饋，也讓內部的關係人做這件事。在必要時獲取回饋、研究並更改。

設計衝刺的主要優點是它能夠讓彼此快速地合作達成共同的目標。雖然設計衝刺需要許多時間與資源，但是結果通常很有效，因為它們處理實際的問題或需求，並且產生經過驗證的解決方案。

**專家提示**

設計衝刺也很有用，因為它們可以把許多合作夥伴會議合併成一個。

# 寬開發者專案

寬開發者專案與擴展有關（ "擴展" 在矽谷是個奇妙的詞）。這種專案會試著盡可能地接觸許多開發者，並促使他們通過第 8 章談到的漏斗。與深專案相較之下，這種專案與開發者的接觸程度不高——沒有一間公司可以讓它的員工接觸每一位開發者。寬專案使用可擴展、低接觸性（一對多）的工具，例如影片、文件、活動與程式實驗室，來達成它的目標。

我們來看一下這些專案的例子。

## 會議與社群活動

這應該是最著名的開發者關係專案，它的目標是建立自給自足的開發者社群，讓成員們彼此互相教導與支援。Google 有一個世界最大的開發者社群，稱為 Google Developer Groups（GDG），在世界各地有超過 250 個獨立的開發者群組。每一個 GDG 社群都會定期聚會（通常每月一次），並且舉辦夜間活動讓演講者暢談 Google 技術。這些會議是社群的精髓，而且社群領袖會監控會議的節奏。許多社群都會舉辦駭客馬拉松、培訓日與大型活動。

良好的社群有一個重要的價值——它不需要身為 API 提供者的你舉辦每一場會議。你可能要提供一些技術內容、食物或獎品，但是你只要用一到三位專職的社群經理就可以在世界各地舉辦上百場會議。你可以讓社群經理尋找新的地區志願社群領袖，概述社群的原則（社群規則），建立社群資產（例如網站與會議的培訓教材）、與各個地區社群溝通來關注他們的健康程度，並且在必要時提供支援。

**專家提示**

並非每一種 API 都需要自己的獨立社群。你可以提供內容給既有的社群，尤其是當它的成員可以從內容獲益時。例如，Unity 是 Android 開發者主持的社群遊戲馬拉松開發平台，提供了許多教學與指南。

# 駭客馬拉松

駭客馬拉松是另一種非常熱門且著名的開發者專案。駭客馬拉松的意思是集合許多開發者一起針對特定主題（例如醫療保健軟體）或技術（例如 Amazon Alexa 技巧）做腦力激盪並開發解決方案。

駭客馬拉松（*hackathon*）這個詞來自馬拉松（*marathon*），它需要付出的是精神上的勞力而非身體上的。在這段期間，開發者要組成團隊，決定如何建構、設計原型，在活動結束時向彼此展示成果。

你必須非常清楚駭客馬拉松的結構、時間範圍、主題，以及預期的結果，並且提供工具讓團隊互相連結（例如想法試算表）。許多缺乏結構的駭客馬拉松失敗的原因都是參加活動的人不知道要做什麼事情，或是花太多時間來協調彼此，而不是寫程式。駭客馬拉松也需要大量的時間與資源，所以如果你沒有邀請正確的人物、關注註冊情況，以及收集關於產品見解，你的主管可能會認為它是浪費時間與金錢的活動。

有時駭客馬拉松的規模很大，會有許多 API 公司一起合作來協助開發者創新。Slack 曾經與 Lyft、Stripe、Google、Amazon 和 Microsoft 等公司一起贊助一場有 2,000 位開發者參與的駭客馬拉松，每一間公司都提供了培訓教材與工程師來支援駭客，以及最佳專案的獎品。

駭客馬拉松可提升開發者對於 API 的認識與熟練程度，它會將 API 產品團隊與開發者緊密連結，並且協助收集產品回饋，以及對開發者的問題建立同理心。

## 在活動中演說與贊助活動

許多公司都會雇用全職的宣導者在世界各地的活動中演說。Oracle、Facebook 與 Google 等大公司都會舉辦多日的開發者活動，裡面有上百場會議與培訓研討會。這種活動通常可以有效地、大規模地接觸開發者，許多這種會議都被錄成影片，在會議結束後依然有數千次的觀看量。

如果你是小型的初創公司或獨立開發者，建立開發者活動可能非常高昂且耗時，但是如果你喜歡參加第三方活動，找機會在別人主辦的活動中發表演說並不是件難事。

**專家提示**

許多演講的機會都是藉由贊助活動獲得的，有時要花很多錢。請確定坐在你前面的觀眾是正確的類型（例如，是開發者而不是商人），以及有多少人，以確保你花的錢是值得的。請記得，有許多社群活動非常歡迎你免費發表演說。

## 訓練員培訓與大使專案

各家公司會用不同的名稱來稱呼這種專案。例如，Microsoft 有 Microsoft Most Valuable Professional（Microsoft MVP）專案，而 Google 稱之為 Google Developers Experts。無論使用哪一種名稱，這種專案的本質都一樣：API 提供者到開發者社群尋找一群技術非常熟練的成員並且與他們建立特殊的關係，以便讓那些開發者成為整個開發者社群的大使。

### 故事時間：Google Developers Experts

我在 Google 以非常省錢的方式開啟 Google Developers Experts 專案——我找出我家附近的前五位頂尖開發者並接觸他們，告訴他們我想與他們見面，我邀請他們一起共進晚餐，給他們 Google T 恤，並且告訴他們我真心想要與他們合作，一起教導開發者用 Google 的技術進行開發，他們全部都同意了。接著我要求我的產品團隊分享講稿、程式實驗室與訓練內容給新召募的專家，請專家們在活動、演說中使用這些內容訓練開發者。我們固定每個月見面吃飯，聊聊進展。在這些飯局中，我是唯一真正在 Google 工作的人，但是到目前為止，我還不是最精通 Google 技術的人。我們都為同一個目標努力：讓我們的開發者社群卓越超群。

> 如今，Google Developers Experts 專案已經是一個全球性的
> 專案了，在世界各地有超過 300 位專家。有時我會在舊金山
> 看到穿著 Expert T 恤、充滿自信的人走在路上，此時我會
> 不禁私自一笑。
>
> —Amir Shevat

## 線上影片與串流

我們已經在第 9 章談過影片了，但我還要說一下與影片和串流有
關的程式設計技巧。製作一組影片來解釋如何使用你的 API 或
平台是很有用的做法。圍繞著線上內容編寫程式是為了有節奏地
提供內容給開發者。Google 有一種名為 *(TL;DR) The Developer
Show* 的節目，類似每週一次的電視秀，它是專門做給想要知道
最新 Google 技術的開發者看的。

製作高端的影片節目有時很昂貴，但你可以考慮使用 YouTube 或
Twitch 之類的平台做每月一次的休閒串流秀，在這場節目裡面，
你只要使用你的 API 建構軟體，並且在觀眾進來時回答他們的問
題就可以了。例如，Stripe 的開發者關係團隊使用 Twitch 串流平
台來展示它的付費 API 並透過即時聊天與它的開發者接觸。

## 支援、論壇與 Stack Overflow

提供可靠的支援是經常被忽視卻很重要的活動，它可以解決 "如
果開發者在使用你的 API 時卡住了，他們該如何獲得支援？" 這
種問題。

Slack 為開發者提供公司的支援，開發者可以把問題 email 給
*developers@slack.com*，它會開一張 Zendesk 票據（ticket）給
Slack 支援組，Slack 有大量具備不同產品專長的團隊，所以這些
票據會被送到開發者支援團隊。

其他的公司則是透過論壇來提供線上支援。Twitch 有非常活躍的
支援論壇，讓 Twitch 員工與社群成員回答論壇上的問題。

另一種做法是在 Stack Overflow 支援開發者，Stack Overflow 是一種線上平台，所有人都可以在那裡詢問程式相關的問題和找到答案。開發者會在那裡提出問題，讓其他開發者回答。這個社群有針對答案的投票活動，也會處理尖銳的問題，以建立高品質、容易搜尋的問題與解答資料庫。Android 開發者支援專案是在 Stack Overflow 上面運行的，他們使用 Stack Overflow 的 API 來搜尋與 Android 開發有關的問題並回答每一個問題。

## 獎勵專案

如果你的 API 需要付費才能使用，或許可以考慮提供免費的獎勵給選定的開發者。Microsoft、Amazon 與 Google 都為它們的 API 提供獎勵專案。獎勵專案通常容易維護與追蹤，但如果你的 API 是免費的，這種活動就沒有什麼幫助了。

選擇正確的開發者並授予獎勵並不容易，這種獎勵也有可能會被錯誤的開發者濫用。你要將獎勵授予以後會變成付費顧客的開發者。有些公司會根據開發者的公司規模來分配獎勵，有些則使用創業培育計畫來頒發獎勵給有成長潛力的公司。這種專案的關鍵在於獎勵就像金錢：你要仔細想一想要把它送給誰，以及你想要拿回什麼價值。

# 評估開發者專案

確定哪些活動移動了哪些評估指針以及它們如何影響生態系統是最重要的行動之一。你的專案可能產生影響力，也有可能毫無幫助，如果沒有進行評估，你就無法分辨其中的差異。對於每一個專案，你必須瞭解下列的事項：

- 這個專案做了什麼事情？
- 它預期的輸入是什麼？
- 它如何產生預期的結果？

表 10-3 是之前談到的專案的各項評估結果。

表 10-3 開發者專案評估報告

| 名稱 | 說明 | 輸入 | 結果 |
|------|------|------|------|
| 頂級夥伴專案 | 找出並促使頂級夥伴與你一起建構 API。 | 在本季找出 15 位夥伴,並且與其中 10 位合作。 | 在本季有 5 位頂級夥伴積極使用我們的 API。 |
| Beta 專案 | 為 beta 功能提供回饋,並且從第一天開始,與使用 API 新功能的夥伴一起推出新功能。 | 與 7 位 beta 夥伴一起推出 X 功能。 | 從夥伴收到 10 個功能請求與 10 個 bug 回報。與 5 位使用新功能的夥伴一起推出 X 功能,從第一天開始。 |
| 駭客馬拉松 | 讓開發者認識並熟練我們的 API。 | 在本季舉辦 5 場駭客馬拉松。 | 有 1,000 位開發者在駭客馬拉松期間建立 API 權杖。 |
| 在活動上演說 | 讓開發者認識我們的平台。 | 在本季的 7 場大型開發者活動中演說。 | 透過活動與後續的影片接觸 15,000 位開發者;讓我們的開發者網站有 5,000 位新訪客。 |

你可以看到,每一種專案有它自己的輸入與預期的結果,將它們放在一起也很簡單。有些人會抱怨駭客馬拉松沒有幫助,因為它們沒有產生付費的顧客,但是增加付費顧客的數量並不是駭客馬拉松的目標。你要先知道你希望對開發者生態系統造成什麼影響,再選擇正確的專案來協助你實現那個目標。

# 總結

外界還有許多其他種類的專案與副專案,每一種都有不同的評估方式與結果,此外還有無數的實驗性質新專案等著你去執行。我們在 Slack 與 Twitch 時,曾經在歐洲與亞洲執行了一系列的開發者之旅,我們的整個團隊都參與這些活動,與開發者和夥伴接觸,並且在區域型活動中發表演說。當我們設計開發者專案時,一定要考慮目前的狀態與期望的開發者生態系統狀態,再推出一些實驗性的專案,看看哪些對你的開發者與商務都是有幫助的。

請記得,開發者社群是一種需要關注與支援的生態系統,請聆聽你的開發者,並持續改善你的 API、資源與開發者專案,來滿足他們的需求。

第十一章

# 結論

建構成功的 API 是一門藝術，其中包含商業分析、技術結構、軟體開發、夥伴關係、內容撰寫、開發者關係、支援與行銷。建構一個優良、熱門的 API 需要眾人的努力。本書回顧了堅實 API 設計的最佳做法與理論，我們逐步展示了實際的使用案例，並告訴你如何建構與維護 API 的開發者生態系統。

本書的重點在於仔細考慮如何設計你的 API 本身，以及細心地照顧你的開發者生態系統。

一個良好的 API 屬性具備下列的屬性：

- 實際解決開發者的需求或痛點（第 1 章與第 8 章）
- 一致（第 7 章）
- 穩定（第 6 章）
- 有完整的文件（第 9 章）
- 沒有破壞性變動（第 7 章）
- 有合理的速率限制（第 6 章）
- 遵循標準（第 2 章）
- 可靠且安全（第 3 章）
- 有很棒的社群與支援（第 10 章）
- 有範例程式（第 9 章）

- 容易瞭解與使用（第 4 章）
- 有很好的 SDK，使用多種程式語言（第 6 章）
- 容易測試（第 9 章）

它們都不是新事物，但是當你踏出錯誤的第一步時，修復它們就會非常困難且昂貴。你要邀請真正的使用者驗證你的 API，請你的開發者定期提供回饋，透明地展示你的更改、策略、速率限制與更新，並且成為你自己的開發者社群的一員。

當你打開 API 的產品市場，並且發展一個圍繞它的生態系統之後，你就會體驗神奇的力量——開發者會使用你的 API 來創新、製作令人讚嘆的解決方案，做出你原本認為不可能出現的東西。

讓上百萬人每天用你的作品來改善生活是很開心的事情！相信我們，既然我們可以做到，你也可以！

# API 設計工作表

以下這些工作表是在之前的設計建議中用過的，你可以在第 5 章的虛構範例中使用這些工作表，或在你自己的 API 設計中當成模板重複使用。

# 定義商務目標

## 問題

簡單地定義問題，以及它如何影響顧客和生意。

## 影響

定義 API 成功的情況。當你推出新 API 之後，世界會是什麼樣子？

## 關鍵使用者故事

用下列的模板列出一些 API 的關鍵使用者故事：

> As a [**user type**], I want [**action**] so that [**outcome**].
> 身為一位 [ **使用者類型** ]，我想要 [ **做什麼事** ] 來實現 [ **結果** ]。

1.

2.

3.

4.

5.

## 技術結構

說明你選擇的技術結構，以及你的決策背後的原因。你或許可以加入圖表或圖片來展示你選擇的模式的優缺點。以下是你可以選擇的範例表：

表 A-1 技術結構

| 考慮的模式、範例或協定 | 優點 | 缺點 | 選擇？ |
|---|---|---|---|
|  |  |  |  |
|  |  |  |  |

# API 規格模板

## 標題

## 作者

## 問題

## 解決方案

## 實作

提供實作計畫的高階描述，你或許可以使用額外的表格或圖表來描述計畫。

## 身分驗證

說明開發者如何獲得 API 的使用權。

## 其他考量

如果你評估過其他的 API 模式、結構、身分驗證策略、協定等等，簡單說明你考慮的內容。

# 輸入、輸出（REST、RPC）

如果你設計的是 REST 或 RPC API，請描述端點、輸入與輸出。你或許可以加入欄位或使用其他格式的表格來描述請求與回應。

表 A-2 Table_name

| URI | 輸入 | 輸出 |
|-----|------|------|
|     |      |      |
|     |      |      |

# 事件、負載（事件驅動 API）

如果你設計的是事件驅動 API，請描述事件與它們的負載。你或許可以加入額外資訊欄位，例如 OAuth 範圍。

表 A-3 Table_name

| 事件 | 負載 |
|------|------|
|      |      |
|      |      |

# 錯誤

表 A-4 技術結構

| HTTP 狀態碼 | 錯誤碼 | 錯誤 | 說明 |
|------------|--------|------|------|
|            |        |      |      |
|            |        |      |      |

## 回饋計畫

描述你將如何收集關於 API 設計的回饋，包括你是否準備提供
API 給 beta 測試人員。

## API 實作檢查清單：

❏ 定義需要解決的特定問題

❏ 編寫內部 API 規格

❏ 取得關於 API 規格的內部回饋

❏ 建構 API

　　❏ 身分驗證

　　❏ 授權

　　❏ 錯誤處理

　　❏ 速率限制

　　❏ 分頁

　　❏ 監測與記錄

❏ 編寫文件

❏ 與夥伴用新 API 執行 beta 測試

❏ 收集 beta 夥伴的回饋並進行更改

❏ 建立社群計畫來讓開發者知道更改

❏ 發表 API 更改

# 索引

# E

# M

machine-readable error codes（人類可讀的錯誤碼）, 52

Macys.com responsive checkout（Macys.com 的響應式簽出系統）, 78

MAJOR, MINOR, and PATCH versions（主要、次要與修補版本）, 136

managing change（管理變動（見 change, managing））

market potential (developer funnel indicators)（市場潛力（開發者漏斗指標））, 152

market size（市場規模）, 147

measurements of developer activities（開發者活動指標）, 156

measuring developer programs（評估開發者專案）, 193

meetups and community（會議與社群活動）, 187

memory bottlenecks（計憶體瓶頸）, 83

methods, adding to APIs（方法，加入 API）, 91

MINOR versions（次要版本）, 136

mocking data for interactive user testing（模擬資料來做互動式使用者測試）, 78

Mutual TLS (Transport Layer Security)（傳輸層安全性）, 43

# N

network I/O（網路 I/O）, 83

noise (in WebHooks)（雜訊）, 21

non-CRUD operations in REST APIs（REST API 的非 CRUD 操作）, 12

# O

OAuth, 28-41, 50

benefits of（好處）, 29

best practices（最佳做法）, 37

listing and revoking authorizations（列出與撤銷授權）, 36

scopes（範圍）, 32

Slack's move to granular OAuth scopes（Slack 轉移到更細膩的 OAuth 範圍）, 34

selection for use in MyFiles API (example)（在 MyFiles API 中選擇使用（範例））, 65

token and scope validation（權杖與範圍驗證）, 34

token expiry and refresh tokens（權杖過期與更新權杖）, 35

token generation（產生權杖）, 30

objective key results (OKRs), 155

office hours（辦公時間）, 176

offset-based pagination（偏移值分頁法）, 96

advantages and disadvantages（優點與缺點）, 97

opaque strings as cursor（以不透明的字串作為資料指標）, 100

OpenAPI, 124

order filters（訂單過濾器）, 95

# P

paginating APIs（將 API 分頁）, 96-101

# X

# 關於作者

**Brenda Jin** 是一位企業家與軟體工程師。身為 Slack 開發者平台團隊的主管工程師，她曾經為第三方開發者設計、建構與擴展許多 API。作為 Girl Develop It 的董事會成員與分會負責人，Brenda 為許多開放原始碼教材做出貢獻，並且教導數千位女士學習 web 和軟體開發技術。

**Saurabh Sahni** 是 Slack 的開發者平台團隊的主管工程師，在過去八年來，他曾經建構與設計過許多開發者平台及 API。Saurabh 加入 Slack 之前曾經領導一個工程師團隊建立 Yahoo Developer Network 架構與開發者工具，他在那裡協助推出 Yahoo Mobile Developer Suite 與許多 API。

**Amir Shevat** 是 Twitch 的開發者體驗副總。在過去的 15 年之間，他曾經在 Slack、Microsoft 與 Google 建構開發者產品、API 與 API 生態系統。他也是 *Designing Bots*（O'Reilly）的作者。

# 封面記事

在 Designing Web APIs 封面上的動物是科蘇梅爾狐， 牠是未被記載的灰狐屬物種。這種犬科動物的體型大約是灰狐的三分之一大，產於墨西哥的科蘇梅爾島，牠們至少從馬雅文明時期就在那裡生活了。科蘇梅爾狐最後一次被看到的時間是 2001 年，牠可能已經滅絕了，但目前還沒有正式的調查加以確認。

許多 O'Reilly 封面的動物都是瀕危的，牠們對這個世界來說都很重要。如果你想要知道可以提供什麼協助，可造訪 *animals.oreilly.com*。

封面圖片來自 Beverley Tucker 的 *General Report upon The Zoology of the Several Pacific Railroad Routes*。

# Web API 建構與設計

作　　者：Amir Shevat, Brenda Jin, Saurabh Sahni

譯　　者：賴屹民

企劃編輯：蔡彤孟

文字編輯：詹祐甯

設計裝幀：陶相騰

發 行 人：廖文良

發 行 所：碁峰資訊股份有限公司

地　　址：台北市南港區三重路 66 號 7 樓之 6

電　　話：(02)2788-2408

傳　　真：(02)8192-4433

網　　站：www.gotop.com.tw

書　　號：A591

版　　次：2019 年 02 月初版

　　　　　2024 年 04 月初版十四刷

建議售價：NT$480

國家圖書館出版品預行編目資料

Web API 建構與設計 / Amir Shevat, Brenda Jin, Saurabh
Sahni 原著；賴屹民譯. -- 初版. -- 臺北市：碁峰資訊,
2019.02
　　面；　公分
　　譯自：Designing Web APIs
　　ISBN 978-986-502-059-0(平裝)
　　1.網頁設計　2.電腦程式設計
312.1695　　　　　　　　　　　　　108002076